DC/DCコンバータの基礎から応用まで

Fundamentals and Applications of DC/DC Converter

平地 克也 著

電気学会

The Institute of Electrical Engineers of Japan

目 次

1章 はじめに

2章 DC/DC コンバータの基礎

2.1 DC/DC コンバータとは　3
　2.1.1 DC/DC コンバータの概要　3
　2.1.2 DC/DC コンバータの基本動作と特徴　5
2.2 DC/DC コンバータの種類　7
2.3 DC/DC コンバータとリアクトル　10
　2.3.1 電流とリアクトル　10
　2.3.2 コンデンサとリアクトルの対称性　11
　2.3.3 リアクトル電流の連続性　12
2.4 昇圧チョッパの動作原理　14
　2.4.1 唯一の安定動作点　14
　2.4.2 昇圧チョッパの出力電圧　16
2.5 電源回路と絶縁　17
　2.5.1 絶縁の必要性　17
　2.5.2 チョッパ回路と変圧器　19
2.6 変圧器の小型化　20
　2.6.1 DC/DC コンバータによる直流電源回路　20
　2.6.2 変圧器の高周波での動作　21
コラム　パワーエレクトロニクスとは　23
章末問題　24

3章 変圧器と励磁電流

3.1 リアクトルの基礎　26

3.2 変圧器の基礎　28
　3.2.1 変圧器の電圧，電流，磁束　28
　3.2.2 変圧器とリアクトルの BH 曲線　29
　3.2.3 負荷電流と励磁電流　31
　3.2.4 変圧器の漏れ磁束　32
　3.2.5 励磁インダクタンスと漏れインダクタンス　33
　3.2.6 励磁インダクタンスと漏れインダクタンスの測定　34
　3.2.7 変圧器の極性表示　35
3.3 DC/DC コンバータと励磁電流　36
　3.3.1 1石フォワード方式 DC/DC コンバータの動作　36
　3.3.2 DC/DC コンバータにおける励磁電流の重要な特徴　39
コラム　パワーエレクトロニクスの最も有名な論文　41
章末問題　42

4章　DC/DC コンバータの主要な回路方式

4.1 各種チョッパ回路　43
　4.1.1 チョッパ回路の概要　43
　4.1.2 降圧チョッパ　44
　4.1.3 昇圧チョッパ　47
　4.1.4 昇降圧チョッパ　49
　4.1.5 多機能チョッパ　50
　4.1.6 SEPIC コンバータ　52
　4.1.7 ZETA コンバータ　55
　4.1.8 Cuk コンバータ　56
　4.1.9 主なチョッパ回路のまとめ　56
4.2 フォワード方式 DC/DC コンバータ　57
　4.2.1 1石フォワード方式 DC/DC コンバータ　57
　4.2.2 2石フォワード方式 DC/DC コンバータ　59
4.3 ブリッジ方式 DC/DC コンバータ　61
　4.3.1 フルブリッジ方式 DC/DC コンバータ　62
　4.3.2 ハーフブリッジ方式 DC/DC コンバータ　77

4.3.3　プッシュプル方式 DC/DC コンバータ　*84*
　　4.3.4　ブリッジ方式 DC/DC コンバータの特徴　*88*
4.4　電流型 DC/DC コンバータ　*91*
　　4.4.1　電流型 DC/DC コンバータの概要　*91*
　　4.4.2　電流型プッシュプル方式 DC/DC コンバータ　*96*
　　4.4.3　電流型フルブリッジ方式 DC/DC コンバータ　*102*
4.5　双方向 DC/DC コンバータ　*109*
　　4.5.1　双方向 DC/DC コンバータの概要　*109*
　　4.5.2　「昇圧チョッパ・降圧チョッパ方式」
　　　　　双方向 DC/DC コンバータ　*110*
　　4.5.3　「電圧型・電流型方式」双方向 DC/DC コンバータ　*111*
　　4.5.4　昇降圧チョッパ方式双方向 DC/DC コンバータ　*113*
　　4.5.5　多機能チョッパを用いた双方向 DC/DC コンバータ　*115*
　　4.5.6　「SEPIC・ZETA 方式」双方向 DC/DC コンバータ　*115*
コラム　電気エネルギーの特徴　*118*
章末問題　*119*

5章　ソフトスイッチング技術

5.1　スイッチング損失　*121*
5.2　ソフトスイッチングの種類　*123*
5.3　ソフトスイッチングの定義　*124*
5.4　電流共振型 DC/DC コンバータ　*126*
　　5.4.1　電流共振型 DC/DC コンバータの概要　*126*
　　5.4.2　電流共振型 DC/DC コンバータの回路例　*127*
　　5.4.3　スイッチ素子の寄生容量の放電に伴う電力損失　*128*
5.5　電圧共振型 DC/DC コンバータ　*129*
　　5.5.1　電圧共振型1石フォワード方式の基本動作　*129*
　　5.5.2　漏れインダクタンスを考慮した動作　*131*
5.6　部分共振型 DC/DC コンバータのソフトスイッチング方法　*135*
5.7　アクティブクランプ方式1石フォワード型 DC/DC コンバータ　*137*
　　5.7.1　概　　要　*137*

vi　目　次

   5.7.2　動作モード　*138*
   5.7.3　ソフトスイッチングの可否　*143*
   5.7.4　出力電圧 V_out と C_2 電圧 v_{C2} の導出　*144*
5.8　位相シフトフルブリッジ方式 DC/DC コンバータ　*145*
   5.8.1　概　　要　*145*
   5.8.2　基本動作モード　*145*
   5.8.3　出力電圧 V_out の導出　*150*
   5.8.4　過渡時の動作モードとソフトスイッチングの原理　*150*
   5.8.5　進みレグと遅れレグ　*153*
5.9　非対称制御ハーフブリッジ方式 DC/DC コンバータ　*156*
   5.9.1　基本動作　*156*
   5.9.2　出力電圧の導出　*158*
   5.9.3　直流励磁の発生　*159*
   5.9.4　過渡状態の動作モードとソフトスイッチングの原理　*161*
   5.9.5　過渡状態の等価回路　*163*
   5.9.6　非対称ハーフブリッジ回路　*164*
5.10　LLC 方式 DC/DC コンバータ　*166*
   5.10.1　LLC 方式の概要　*166*
   5.10.2　LLC 方式の基本動作　*167*
   5.10.3　LLC 方式の動作モード　*171*
   5.10.4　過渡時の動作モードとソフトスイッチング　*174*
   5.10.5　過負荷時の動作　*176*
5.11　DAB 方式双方向 DC/DC コンバータ　*178*
   5.11.1　DAB 方式の回路構成　*178*
   5.11.2　動作モードと電流径路　*179*
   5.11.3　過渡状態の動作モードとソフトスイッチングの原理　*183*
   5.11.4　リアクトル電流波形とその計算方法　*186*
   5.11.5　出力電流と出力電力計算式の導出　*189*
   5.11.6　ソフトスイッチング成立条件　*191*
コラム　ソフトスイッチングの得意分野と不得意分野　*193*
章末問題　*195*

6章　高力率コンバータへの応用

6.1　高力率コンバータの役割と動作原理　*196*
　6.1.1　整流回路での高調波電流の発生原理　*196*
　6.1.2　高力率コンバータの役割と種類　*199*
6.2　昇　圧　型　*201*
　6.2.1　昇圧型連続モード制御の動作原理　*201*
　6.2.2　昇圧型連続モード制御方式の制御回路　*203*
　6.2.3　電流型 DC/DC コンバータを用いた高力率コンバータ　*205*
　6.2.4　昇圧型不連続モード制御　*205*
　6.2.5　昇圧型境界モード制御　*208*
　6.2.6　その他の昇圧型回路方式　*208*
6.3　昇　降　圧　型　*210*
6.4　降　圧　型　*213*
コラム　ホットエンドとコールドエンド　*217*
章末問題　*219*

7章　モータ制御への応用

7.1　直流モータの等価回路　*220*
7.2　等価回路に成立する式　*222*
7.3　直流モータの回転速度制御回路　*223*
7.4　速度起電力と電源電圧の大小関係　*225*
コラム　DC/DC コンバータ開発の歴史　*226*
章末問題　*227*

　　引用・参考文献　*228*
　　章末問題の解答　*230*
　　索　　　引　*246*

1章 はじめに

　DC/DC コンバータは，高速動作が可能なトランジスタとダイオードの開発に伴い，1970 年代に一般に使用されるようになった。その後，半導体スイッチ素子の進歩に伴う動作周波数の高周波化と回路技術の進歩により，小型軽量化と電力効率の向上が実現されてきた。現在では，ほとんどの電気製品に使用される重要な制御装置となっている。

　DC/DC コンバータの主な構成要素は，リアクトル・コンデンサ・変圧器・半導体スイッチ素子の 4 種類だけであり，しかも動作の基本にかかわる部品点数は数個〜十数個程度と少ない。しかし，スイッチ素子のオン・オフに伴って，リアクトル・コンデンサ・変圧器の結線状態が変化するので，そのつど回路の動作状態が変わり，回路に成立する電圧・電流の計算式が変化する。さらに，動作状態の変化の過程で過渡的な動作状態が出現し，回路の特性に大きな影響を与える。DC/DC コンバータの正確な理解には，一つの回路に対してこれら多数の動作状態をすべて抽出し，それぞれの動作状態における電流径路と電圧・電流の計算式をあきらかにする必要がある。本書では回路の動作状態を動作モードと呼び，すべての動作モードに番号を与えている。そのうえで，① 動作モードの抽出，② 電流径路の解明，③ 電圧・電流の計算式の導出，という一連の作業が理解できるように構成している。

　DC/DC コンバータでは，リアクトルが中心的な役割を果たしており，リアクトルがかかわる動作の理解が不可欠である。たとえば，電圧を昇圧する，という昇圧チョッパの機能もリアクトルの動作により実現されている。上記の「② 電流径路の解明」もリアクトルの機能の理解なくして実現できない。また，絶縁型 DC/DC コンバータではリアクトルと同時に，変圧器も重要な役割を果たしている。DC/DC コンバータの変圧器は単に交流電圧を変圧するだけでなく，励磁電流と励磁インダクタンス，および漏れインダクタンスが，回路の動作に大きな影響を与えている。特にソフトスイッチングの動作には，これら変圧器の寄生要素

が主要な役割を果たしている。

　本書ではリアクトルの基本となる性質を詳しく説明し，そのうえでDC/DCコンバータにおけるリアクトルの動作を理解できるように構成している。さらに，変圧器の励磁電流はリアクトル電流と同じものであるという原則に立ち，DC/DCコンバータにおける励磁電流に特有の振舞いをわかりやすく解説している。

　DC/DCコンバータはほとんどあらゆる電気製品に使用されているので，要求される機能と動作環境は多種多様であり，その結果非常に多くの回路方式が開発されている。多数の回路方式を個々に検討すると，DC/DCコンバータの全体を理解することは難しい。そこで本書では，すべてのDC/DCコンバータはチョッパ回路から派生したものである，と考えて説明を展開している。多くの回路方式を体系的に整理して理解していただけると考える。

　DC/DCコンバータの設計や開発にあたり，特にトラブル発生時や新しい用途へ適用するときは，基本的な動作原理にさかのぼって一つひとつの回路素子の動作を詳しく検討する必要がある。そのような場合に本書が役立つことを期待する。なお，本書は舞鶴工業高等専門学校平地研究室のホームページ「平地研究室技術メモ」[†]をベースとして編集されたものである。

---

† http://hirachi.cocolog-nifty.com/kh/，2017年11月1日現在

DC/DCコンバータの基礎

本章では,まず DC/DC コンバータの概要と特徴,および DC/DC コンバータの種類を説明する。次に,DC/DC コンバータで中心的な役割を果たしているリアクトルの動作を説明する。さらに,リアクトルとともに重要な役割を果たしている変圧器について説明する。これらの学習により DC/DC コンバータの基礎を理解できる。

2.1 DC/DCコンバータとは

2.1.1 DC/DCコンバータの概要

DC/DC コンバータは直流電圧を昇降できる制御装置である。普段,人の目に触れる装置ではないので一般にはあまり知られてないが,実はほとんどの電気製品に使用されている重要な装置である。略して DD コンと呼ばれることが多い。また,スイッチング電源やスイッチングレギュレータと呼ばれることも多い。

ノートパソコンの電力回路の例を図 2.1[†]に示す。充電器は整流回路と DC/DC

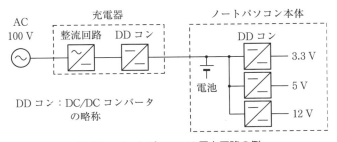

図 2.1　ノートパソコンの電力回路の例

[†] 図中の電気用図記号は,JIS C 0617 に準拠すべきであるが,本書では伝統的によく用いられている慣用的な図記号を使用している。

コンバータ（図では DD コンと略称）で構成されている。整流回路で AC100 V を直流に変換し，DC/DC コンバータで電圧を正確に制御して電池を充電する。ノートパソコン本体にも多数の DC/DC コンバータが使われており，電池の電圧を 5 V や 12 V など電子回路が必要とする電圧に変換している。電池の電圧は充放電により大きく変化するが，DC/DC コンバータの出力電圧は常に一定になるよう制御される。DC/DC コンバータによりノートパソコンの電子回路は，正常な動作が可能となる。

太陽光発電システムの例を図 2.2 に示す。家庭用の太陽光発電システムでは，太陽電池の出力電圧は約 200 V である。DC/DC コンバータで 340 V に昇圧してインバータに供給する。インバータで交流電圧に変換して，電力系統に接続する。このシステムでは，DC/DC コンバータは単に 200 V を 340 V に昇圧するだけではなく，太陽電池から常に最大の出力電力を取り出す，という重要な役割も果たしている。

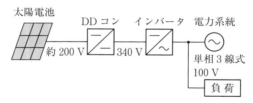

図 2.2　太陽光発電システムの例

電気自動車の電力回路の例を図 2.3 に示す。車載充電器は整流回路と DC/DC コンバータで構成されており，DC300 V の高電圧でリチウムイオン電池を充電する。300 V は DC/DC コンバータでさらに 600 V に昇圧されてインバータに電力を供給する。また，300 V は他の DC/DC コンバータで 12 V に降圧されて鉛電池を充電する。12 V は各種電装品に供給されるが，一部は DC/DC コンバータで 5 V などに降圧されて電子回路に供給される。このように電気自動車でも，多数の DC/DC コンバータが用いられ，重要な役割を果たしている。

以上のように，DC/DC コンバータは電気を使用するほとんどの製品やシステムで使用されており，現代社会を支えている縁の下の力持ちといえる。したがって，DC/DC コンバータの小型軽量化，経済性の向上，電力損失低減などは，ほとんどの電気製品・電気システムの価値を左右する重要な技術課題である。

2.1 DC/DC コンバータとは　5

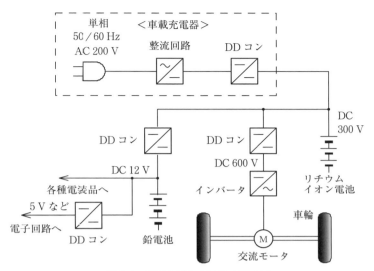

図 2.3　電気自動車の電力回路の例

2.1.2　DC/DC コンバータの基本動作と特徴

まず，図 2.4 に示す従来の直流電圧制御回路を検討する．入力電圧 V_{in} に対して，トランジスタ Q で電圧を降下させて電圧 V_{out} を出力する．Q のコレクタ–エミッタ間電圧 V_{CE} を変化させて，V_{out} を自由に制御できる．このとき，Q には次式で示される電力損失 P が発生する．

$$P = V_{in}I_{in} - V_{out}I_{out} \tag{2.1}$$

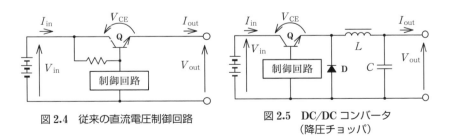

図 2.4　従来の直流電圧制御回路　　図 2.5　DC/DC コンバータ
　　　　　　　　　　　　　　　　　　　　　　（降圧チョッパ）

次に，図 2.5 に示す回路の動作を考える．この回路は**降圧チョッパ**と呼ばれており，DC/DC コンバータの一つである．図 2.4 の回路と同様に，トランジスタ

Q を用いて V_out を自由に制御できる。ただし，Q の動作は図 2.4 の回路とは大きく異なっている。トランジスタの出力特性と負荷線の例を図 **2.6** に示す。

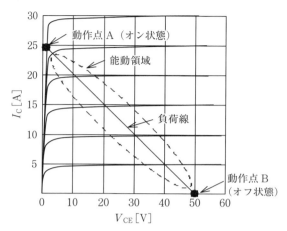

図 **2.6** トランジスタの出力特性と負荷線

図 2.4 の回路では，トランジスタ Q は V_in と V_out の差に応じて負荷線上を移動しながら動作する。このとき，トランジスタは能動領域で動作するので，電力損失が発生する。一方，図 2.5 の回路ではトランジスタの動作点が，A と B，すなわちオン状態とオフ状態の二つだけである。このためにトランジスタ Q を制御する方法を図 **2.7** に示す。一定の周期 T でオンとオフを高周波で繰り返す。

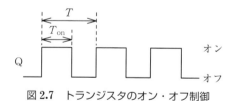

図 **2.7** トランジスタのオン・オフ制御

1 周期 T のうち，トランジスタのオン時間 T_on が占める割合を**通流率** α といい，次式で与えられる。

$$\alpha = \frac{T_\text{on}}{T} \tag{2.2}$$

α を変化させることにより，出力電圧 V_out は次式に従って制御できる。

$$V_\text{out} = V_\text{in}\alpha \tag{2.3}$$

α は 1 より小さいので，V_{out} は V_{in} を降圧した電圧となる。

トランジスタがオン時には，電圧 V_{CE} はほぼゼロであり，オフ時にはトランジスタの電流 I_{C} がゼロである。DC/DC コンバータではトランジスタをスイッチとして使用し，オンまたはオフの状態のみであるので，電圧または電流がゼロであり，電力損失はほとんど発生しない。トランジスタをスイッチとして使用すること，その結果，電力損失が小さい状態で直流電圧を制御できることが DC/DC コンバータの大きな特長である。なお，スイッチとして使用されている半導体デバイスを**スイッチ素子**といい，近年は **FET** や **IGBT** などの半導体デバイスが使われることが多い。本書ではスイッチ素子の記号は，図 2.5 のようにバイポーラトランジスタ Q で統一する。

直流電圧を昇圧したいときは，**図 2.8** に示す**昇圧チョッパ**を使用する。出力電圧 V_{out} は次式で与えられる。

$$V_{\text{out}} = V_{\text{in}} \frac{1}{1-\alpha} \tag{2.4}$$

ここで，α は 1 より小さいので，昇圧された出力電圧が得られる。

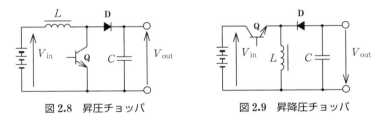

図 2.8　昇圧チョッパ　　　　図 2.9　昇降圧チョッパ

図 2.9 に示す回路は，昇圧も降圧も可能であり**昇降圧チョッパ**と呼ばれる。出力電圧 V_{out} は次式で与えられる。

$$V_{\text{out}} = V_{\text{in}} \frac{\alpha}{1-\alpha} \tag{2.5}$$

2.2　DC/DC コンバータの種類

降圧チョッパに変圧器を挿入して補助回路を付加すると**図 2.10** の回路となり，1 石フォワード方式 DC/DC コンバータと呼ばれる。出力電圧 V_{out} は降圧チョッパの式 (2.3) に，変圧比を乗じた値で次式となる。

8　2章　DC/DC コンバータの基礎

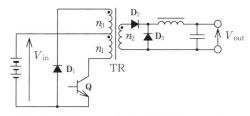

図 2.10　1 石フォワード方式 DC/DC コンバータ

$$V_{\text{out}} = \frac{n_2}{n_1} V_{\text{in}} \alpha \quad (n_1, n_2 \text{ は変圧器の巻数}) \tag{2.6}$$

図 2.11 の回路は，1 石フォワード方式 DC/DC コンバータとよく似た特性を持ち，トランジスタ 2 個の Q_1, Q_2 で構成されるので **2 石フォワード方式 DC/DC コンバータ**と呼ばれる。これら二つの回路は，入力と出力が変圧器 TR で電気的に絶縁されているので絶縁型 DC/DC コンバータと呼ばれる。

一方，降圧チョッパ，昇圧チョッパ，昇降圧チョッパは変圧器がなく，入力と出力が絶縁されていないので，非絶縁型 DC/DC コンバータと呼ばれる。

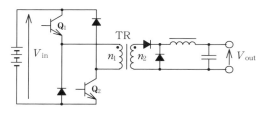

図 2.11　2 石フォワード方式 DC/DC コンバータ

図 2.12 の回路は，4 個のトランジスタ $Q_1 \sim Q_4$ で構成されるブリッジ回路を持っているので，**フルブリッジ方式 DC/DC コンバータ**と呼ばれる。図 2.13 の回路は，トランジスタが 2 個の Q_1, Q_2 で構成され，**ハーフブリッジ方式 DC/DC コンバータ**と呼ばれる。図 2.14 の回路では，2 個のスイッチ素子 Q_1 と Q_2 が交

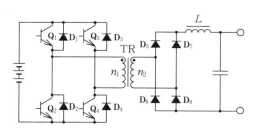

図 2.12　フルブリッジ方式 DC/DC コンバータ

2.2 DC/DC コンバータの種類   9

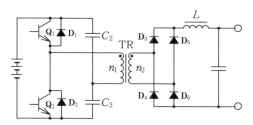

図 2.13　ハーフブリッジ方式 DC/DC コンバータ

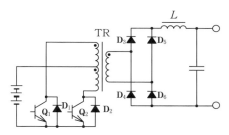

図 2.14　プッシュプル方式 DC/DC コンバータ

互にオン・オフし，変圧器 TR の二つの 1 次巻線を「押したり引いたり」するように見えるので，**プッシュプル方式** DC/DC コンバータと呼ばれる。

　図 2.10 から図 2.14 までの回路は，降圧チョッパに変圧器を挿入したものと考えられ，これらを総称して**電圧型 DC/DC コンバータ**と呼ばれる。一方，昇圧チョッパも変圧器を挿入して，絶縁型 DC/DC コンバータを構成することができ，これらは**電流型 DC/DC コンバータ**と呼ばれる。電流型にもフォワード方式とブリッジ方式があり，ブリッジ方式にはフルブリッジ方式とプッシュプル方式がある。また，昇降圧チョッパにも変圧器を挿入することができ，これらは**フライバ**

表 2.1　DC/DC コンバータの種類

```
■非絶縁型
・降圧チョッパ，昇圧チョッパ，昇降圧チョッパ
■絶縁型
  ◎電圧型（降圧チョッパ＋変圧器）
    ○フォワード方式　・1 石フォワード方式，2 石フォワード方式
    ○ブリッジ方式　　・フルブリッジ方式，ハーフブリッジ方式，プッシュプル方式
  ◎電流型（昇圧チョッパ＋変圧器）
    ○フォワード方式　・1 石フォワード方式
    ○ブリッジ方式　　・フルブリッジ方式，プッシュプル方式
  ◎フライバックトランス型（昇降圧チョッパ＋変圧器）
```

ックトランス型 DC/DC コンバータと呼ばれる。

以上に説明した DC/DC コンバータの種類を整理して**表 2.1** に示す。

2.3 DC/DC コンバータとリアクトル

2.3.1 電流とリアクトル

降圧チョッパにおいて,スイッチ素子 Q をオン・オフさせて入力電圧を降圧する動作は理解しやすい。しかしながら,昇圧チョッパでなぜ電圧を昇圧できるのか,直感的に理解することは難しい。DC/DC コンバータでは,リアクトルが中心的な役割を果たしており,リアクトルがかかわる動作の理解が不可欠である。

リアクトル L を含む**図 2.15** の回路において,スイッチ SW をオンしてから 1 秒後まで,リアクトルに流れる電流 i の時間変化を考える。リアクトル両端の電圧 $v = L\frac{di}{dt}$ を積分すると,$i = \frac{1}{L}\int vdt$ となる。スイッチをオンにすると,$v = E$ となり,i の初期値を 0 A とすると次式が成立する。

$$i = \frac{1}{L}\int Edt = \frac{1}{L}Et \tag{2.7}$$

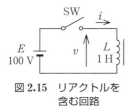

図 2.15 リアクトルを含む回路

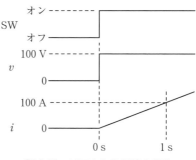

図 2.16 リアクトル電流の変化

この式に,$E = 100\,\mathrm{V}$,$L = 1\,\mathrm{H}$ を代入すると,**図 2.16** に示す電流の時間変化が得られる。

以上のように微積分を使って i の変化を導出できるが,電圧 v が一定値の場合は,もっと簡単に差分式を使って扱える。$v = L\frac{di}{dt} = E$(一定値)を差分式で

表すと，$L\frac{\Delta I}{\Delta T} = E$ となる．電流の変化量 ΔI は次式で表される．

$$\Delta I = \frac{1}{L} E \Delta T \tag{2.8}$$

$L = 1$，$E = 100$ を代入すると，$\Delta I = 100 \Delta T [\text{A}]$ で，電流は時間に比例して変化し，1 s 後には 100 A となる．

式 (2.8) は次のことを表している．「リアクトル電流の変化は，電圧と時間の積に比例する」．言い換えれば，「リアクトル電流は，印加電圧が一定なら直線的に変化する」．DC/DC コンバータでは，リアクトルに印加される電圧が一定の場合が多く，式 (2.8) が成立する．DC/DC コンバータにとって，式 (2.8) は最も重要な公式である．

2.3.2 コンデンサとリアクトルの対称性

コンデンサ C を含む図 2.17 の回路において，1 F のコンデンサを電流 100 A で充電を始めてから 1 秒後までの，コンデンサ両端の電圧 v の時間変化を考える．充電電流 $i = C\frac{dv}{dt}$ を積分すると，$v = \frac{1}{C} \int i dt$ となる．一定電流 $i = I$ を代入し，v の初期値を 0 V とすると次式が成立する．

$$v = \frac{1}{C} \int I dt = \frac{1}{C} I t \, [\text{V}] \tag{2.9}$$

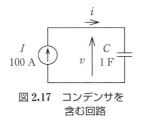

図 2.17 コンデンサを含む回路

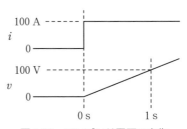

図 2.18 コンデンサ電圧の変化

この式に $I = 100$ A，$C = 1$ F を代入すると，図 2.18 に示す電圧 v の時間変化が得られる．

リアクトルの場合と同様に，差分式を使うともっと簡単に次のように導出できる．$i = C\frac{dv}{dt} = I$（一定値）を差分式で表すと，$C\frac{\Delta V}{\Delta T} = I$ となる．電圧の変化量 ΔV は次式で表される．

$$\Delta V = \frac{1}{C} I \Delta T \tag{2.10}$$

$C=1$, $I=100$ を代入すると，$\Delta V = 100\Delta T\,[\text{V}]$ で，電圧は時間に比例して変化し，1 s 後には 100 V となる。

式 (2.8) と式 (2.10) のそれぞれの導出過程を比べると，コンデンサとリアクトルには**表 2.2** のように対称の関係があることがわかる。コンデンサを電流で充電するのと同様に，リアクトルは電圧で充電する，と考えるとわかりやすい。充電の結果，コンデンサでは電圧が発生し，リアクトルでは電流が発生する。

表 2.2 コンデンサとリアクトルの対称性

	コンデンサ	リアクトル
微分式	$i = C\dfrac{dv}{dt}$	$v = L\dfrac{di}{dt}$
差分式	$\Delta V = \dfrac{1}{C} I \Delta T$ (2.10)	$\Delta I = \dfrac{1}{L} E \Delta T$ (2.8)
差分式の意味	1 A で 1 F を 1 s 充電すれば 1 V	1 V で 1 H を 1 s 充電すれば 1 A

2.3.3 リアクトル電流の連続性

式 (2.8) で「リアクトル電流の変化は，電圧と時間の積に比例する」ことを示した。これは，次のことを意味している「リアクトル電流を変化させるには必ず有限の時間 ΔT が必要であり，瞬時に変化することはない」，言い換えれば，「リアクトル電流は不連続にならない」，すなわち，「リアクトル電流は連続的に変化する」。このことは，リアクトルの重要な性質であり，DC/DC コンバータの特性を理解するための要点となる。

リアクトルとダイオードを含む**図 2.19** に示す回路で，スイッチ SW を 1 秒間隔でオン・オフさせたとき，リアクトルに流れる電流 i の時間変化を考える。スイッチ SW のオン・オフに伴って生じる，リアクトルの電圧 v と電流 i の変化は**図 2.20** となる。この過程は，以下のように説明される。

時刻 0 で SW がオンすると，リアクトルには 100 V が印加され，図 2.19 の太実線で示す A の径路で電流が流れ，$\Delta I = \dfrac{1}{L} v \Delta T$ に従って増加する。$L = 1$ H，$v = 100$ V であるので，1 s 後には 100 A となる。時刻 1 s において SW がオフすると，リアクトルの電流は連続であるので，電流 i はオフ直前と同

2.3 DC/DC コンバータとリアクトル

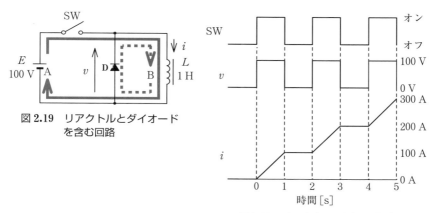

図 2.19 リアクトルとダイオードを含む回路

図 2.20 リアクトルの電圧・電流（図 2.19）の変化

じ大きさの 100 A で流れ続けなければならない．このとき，ダイオード D が導通し，電流の径路は太実線 A から太点線 B に変化する．ダイオード D の電圧降下は十分小さいので無視すれば，リアクトル電圧 v は 0 V となる．したがって，$\Delta I = \frac{1}{L} v \Delta T$ より $\Delta I = 0$ A となり，リアクトル電流 i は 100 A で一定となる．時刻 2 s で SW が再度オンすれば電流径路は太実線 A に戻り，i は初期値を 100 A として，$\Delta I = \frac{1}{L} v \Delta T$ に従って増加し，時刻 3 s に 200 A となる．同様にして，時刻 4 s には 200 A，5 s には 300 A となる．

次に，図 2.21 に示す回路でスイッチ SW を 1 s 間隔でオン・オフさせたときの，リアクトルに流れる電流 i の時間変化を考える．この回路は昇圧チョッパの

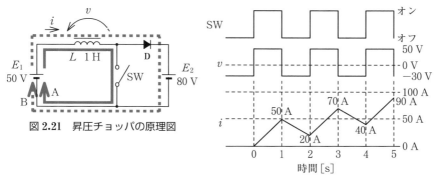

図 2.21 昇圧チョッパの原理図

図 2.22 リアクトルの電圧・電流（図 2.21）の変化

原理を示すものである。スイッチ SW のオン・オフに伴って生じる，リアクトルの電圧 v と電流 i の変化は図 2.22 となる。この過程は以下のように説明される。

時刻 0 で SW がオンすると図 2.21 の太実線 A の径路で電流が流れ，リアクトルには電源電圧 E_1 が印加され，$v = E_1 = 50\,\mathrm{V}$ となる。$\Delta I = \frac{1}{L}v\Delta T$ に $L = 1\,\mathrm{H}$，$v = 50\,\mathrm{V}$ を代入すると，1 s 後の電流は 50 A となる。時刻 1 s で SW はオフとなるが，リアクトルの電流は連続なので，太実線 A から太点線 B の径路に転流し，「$L \to D \to E_2 \to E_1 \to L$」の径路で流れる。このとき，ダイオード D の電圧降下を無視すれば，$v = E_1 - E_2 = -30\,\mathrm{V}$ となる。したがって，$\Delta I = \frac{1}{L}v\Delta T$ により，1 s 間で初期値 50 A から 30 A 低下し，時刻 2 s には $i = 20\,\mathrm{A}$ となる。同様にして 3 s 後には 70 A，4 s 後には 40 A，5 s 後には 90 A となる。

なお，太点線 B の径路では，電流 i は E_2 を逆流するが，電圧源の電流の方向は正負どちらでもかまわない。E_2 を蓄電池と考えると，充電も放電も可能なことが納得できる。

以上の二つの例から，スイッチとリアクトルを含む回路の電流は，次の手順で考えればよいことがわかる。この手順は，DC/DC コンバータの動作の理解にきわめて重要である。

① リアクトルに印加される電圧とその印加時間を算出する。
② 公式 $\Delta I = \frac{1}{L}E\Delta T$ を用いて，リアクトル電流の変化を算出する。
③ スイッチがオンあるいはオフの瞬間では，リアクトルを定電流源と考え，オンあるいはオフ後の新しい電流径路を考える。
④ 新しい電流径路でリアクトルの印加電圧を算出する。

2.4 昇圧チョッパの動作原理

2.4.1 唯一の安定動作点

昇圧チョッパの動作原理を示す図 2.21 で，スイッチ SW をトランジスタ Q に，リアクトル L を 10 µH に，それぞれ変更すると図 2.23 となる。このとき，E_2 の電圧が 80 V，100 V，120 V それぞれの場合について，リアクトルに流れる電流 i_L の時間変化を考える。ただし，i_L の初期値は 100 A とし，Q のオン・

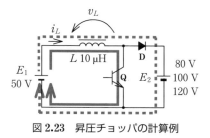

図 2.23 昇圧チョッパの計算例

オフ動作の時間間隔を $10\,\mu\mathrm{s}$ とする。

前節で説明した手順①，②，③，④に従って検討する。

① Q がオンのときは，図 2.23 の太実線の径路で電流が流れ，リアクトル電圧は $v_L = E_1 = 50\,\mathrm{V}$ である。電圧 $50\,\mathrm{V}$ が印加されている時間は，Q のオン時間で $10\,\mu\mathrm{s}$ である。

② リアクトル電流の変化分は

$$\Delta I = \frac{1}{L}v_L \Delta T = \frac{1}{10 \times 10^{-6}} \times 50 \times 10 \times 10^{-6} = 50\,\mathrm{A} \quad (2.11)$$

③ Q がオフするとリアクトルの電流はダイオード D を経由して転流し，太点線の径路で電流が流れる。

④ 新しい電流径路でリアクトルの印加電圧は，$v_L = E_1 - E_2$ なので，三つの E_2 について以下の値となる。

$$E_2 = 80\,\mathrm{V}\ \mathrm{のとき}: v_L = 50\,\mathrm{V} - 80\,\mathrm{V} = -30\,\mathrm{V}$$

$$E_2 = 100\,\mathrm{V}\ \mathrm{のとき}: v_L = 50\,\mathrm{V} - 100\,\mathrm{V} = -50\,\mathrm{V}$$

$$E_2 = 120\,\mathrm{V}\ \mathrm{のとき}: v_L = 50\,\mathrm{V} - 120\,\mathrm{V} = -70\,\mathrm{V}$$

以下，手順の②，③，④を繰り返せばよい。

三つの E_2 に対して $\Delta I = \frac{1}{L}v_L \Delta T$ から，リアクトル電流の変化分 ΔI は

$$E_2 = 80\,\mathrm{V}\ \mathrm{のとき}: \Delta I = -30\,\mathrm{A}$$

$$E_2 = 100\,\mathrm{V}\ \mathrm{のとき}: \Delta I = -50\,\mathrm{A}$$

$$E_2 = 120\,\mathrm{V}\ \mathrm{のとき}: \Delta I = -70\,\mathrm{A}$$

となり，リアクトル電流 i_L の時間変化は**図 2.24** のようになる。図からわかる

ように，時間経過とともにリアクトル電流は，$E_2 = 80\,\mathrm{V}$ ならば増加し，逆に，$E_2 = 120\,\mathrm{V}$ ならば減少する。$E_2 = 100\,\mathrm{V}$ のとき，増減がなく安定動作点となる。

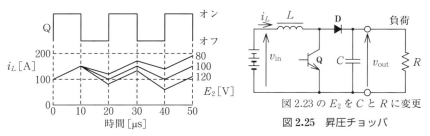

図 2.24　リアクトル電流 i_L の時間変化

図 2.25　昇圧チョッパ

実際の昇圧チョッパでは，図 2.25 のように出力部には定電圧源 E_2（図 2.23）の代わりに，コンデンサ C と抵抗 R などの負荷が接続される。コンデンサの電圧 V_{out} が 80 V であった場合，リアクトル電流 i_L は限りなく増加しようとする。しかしながら，定電圧源 E_2 の場合には，リアクトル電流が増加しても E_2 の電圧は変化しないが，コンデンサ C の場合では，リアクトル電流が増加するとコンデンサの充電電流も増加し，出力電圧 V_{out} は増加する。ところが，V_{out} が 100 V に達すると電圧は一定となり動作は安定する。コンデンサの電圧 V_{out} が 120 V の場合は逆にリアクトル電流は減少し，出力電圧は減少する。すなわち，出力電圧に対して，次のような負帰還動作が実現されている。

V_{out} が 100 V より小 → リアクトル電流 i_L が増加 → V_{out} が増加

V_{out} が 100 V より大 → リアクトル電流 i_L が減少 → V_{out} が減少

……やがて V_{out} が 100 V となり一定電圧で動作する。

一般に，安定に動作するすべての DC/DC コンバータは負帰還機能を持っており，自動的に唯一の安定点で動作するという性質がある。

2.4.2　昇圧チョッパの出力電圧

昇圧チョッパの安定動作点では図 2.24 のように，i_L はトランジスタ Q がオン時の増加分とオフ時の減少分が同じ値となっている。このことを利用して，安定動作点の出力電圧 V_{out} を以下のように導出できる。なお，トランジスタ Q につ

いて，T_on はオン時間，T_off はオフ時間とする．

$$Q がオン時の i_L の変化分：\Delta I = \frac{1}{L}v_L T_\mathrm{on} = \frac{1}{L}V_\mathrm{in} T_\mathrm{on} \quad (2.12)$$

$$Q がオフ時の i_L の変化分：\Delta I = \frac{1}{L}v_L T_\mathrm{off} = \frac{1}{L}(V_\mathrm{in} - V_\mathrm{out})T_\mathrm{off}$$
$$(2.13)$$

安定動作点では，両者の和が0Aとなるので

$$\frac{1}{L}V_\mathrm{in} T_\mathrm{on} + \frac{1}{L}(V_\mathrm{in} - V_\mathrm{out})T_\mathrm{off} = 0 \quad (2.14)$$

1周期を T とし，Qの通流率を α とすると

$$T_\mathrm{on} = T\alpha, \; T_\mathrm{off} = T(1-\alpha) \quad (2.15)$$

この関係を式(2.14)に代入して

$$\frac{1}{L}V_\mathrm{in} T\alpha + \frac{1}{L}(V_\mathrm{in} - V_\mathrm{out})T(1-\alpha) = 0 \quad (2.16)$$

整理すると，昇圧チョッパの出力電圧の式

$$V_\mathrm{out} = \frac{1}{1-\alpha}V_\mathrm{in} \quad (2.17)$$

が得られる．

2.5 電源回路と絶縁

2.5.1 絶縁の必要性

変圧器には電圧を変えること以外に「絶縁」という重要な役割が存在する．絶縁はいろいろな目的に使用されるが，特に重要な目的は安全の確保である．図 **2.26**(a) は商用電源の AC100 V から，整流回路と降圧チョッパで DC12 V を作る回路である．人が右手で 12 V 出力のプラス端子，左手でマイナス端子に触れている．この人は 12 V で感電することになるが，12 V なら十分低い電圧なので人体に悪影響はない．

しかしながら，実際には AC100 V は図 (b) のように必ず片側が接地されている．また，人は体の一部が接地されていると考える必要がある．この場合は図の

18　2章　DC/DC コンバータの基礎

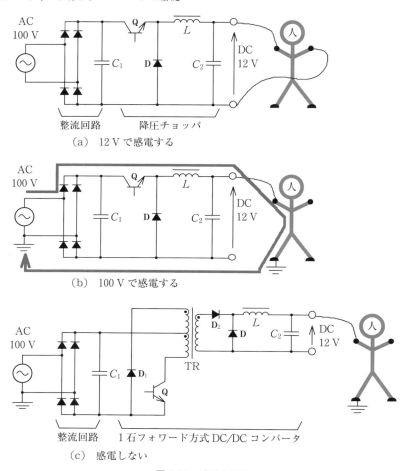

(a) 12 V で感電する

(b) 100 V で感電する

(c) 感電しない

図 2.26　感電と絶縁

ように，接地を介して 100 V で感電してしまう．人間は屋外では靴を履いているので大丈夫，と考えることもできるが，ゴム長靴なら大丈夫だろうが，サンダルや草履なら危険である．電気用品はいかなる場合も確実に感電を防止する必要がある．そのために電気用品が守るべき安全基準が法律で厳密に定められている．もし，図 (a) のような回路を作るなら，12 V の出力端子は，人が決して接触できないような構造にする必要がある．

図 (c) は (a) の降圧チョッパを 1 石フォワード方式 DC/DC コンバータに置き換えたものである．この DC/DC コンバータは絶縁型であり，回路の途中に

変圧器 TR が挿入されている。変圧器の 1 次側と 2 次側は磁気で結合されているが，電気的にはつながってないので，図 (b) のような感電径路は存在しない。このように，人が接触する可能性のある電気回路は，危険な電圧（図 2.26 の場合は AC100 V）から変圧器で必ず絶縁する必要がある。ノートパソコンの側面にはいろいろなコネクタが配置されており，人が容易に接触できる。したがってノートパソコンの回路は AC100V から変圧器で絶縁する必要がある。図 2.1 に示したノートパソコンの充電器の DC/DC コンバータは，必ず絶縁型 DC/DC コンバータが使用される。絶縁型 DC/DC コンバータの変圧器のおかげで，安心してノートパソコンを使用できるのである。

2.5.2 チョッパ回路と変圧器

絶縁型 DC/DC コンバータは，チョッパ回路に何らかの方法で変圧器を挿入して，入力と出力を電気的に絶縁した回路である。たとえば，図 2.5 に示した降圧チョッパ回路において，トランジスタ Q とダイオード D の間に変圧器 TR を挿入すると，図 2.27(a) となる。さらに，Q を移動すると図 (b) となる。ただし，このままでは変圧器が正常に動作しないので，ダイオード D_1，D_2，巻線 n_3 を追

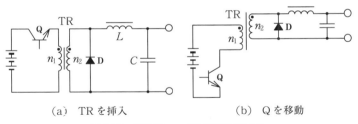

(a) TR を挿入 　　　　　　(b) Q を移動

図 2.27　降圧チョッパに変圧器を挿入

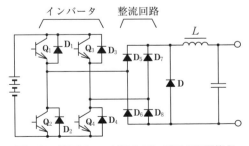

図 2.28　降圧チョッパのトランジスタを置換え

加して，図 2.10 の 1 石フォワード方式 DC/DC コンバータとなる。

　また，降圧チョッパである図 2.5 の回路でトランジスタ Q を，インバータおよび整流回路に置き換えると図 **2.28** となる。インバータの後段に変圧器 TR を挿入し，さらに D は D_7，D_8 で代用できるので省略すると，図 2.12 に示したフルブリッジ方式となる。昇圧チョッパや昇降圧チョッパも変圧器を挿入すれば，絶縁型 DC/DC コンバータとなる。

2.6　変圧器の小型化

2.6.1　DC/DC コンバータによる直流電源回路

　DC/DC コンバータが広く普及した最大の理由は，変圧器の小型化が実現できることである。従来の直流電源回路の例を図 **2.29** に示す。AC100 V の降圧と入出力の絶縁のために，変圧器 TR を使用している。変圧器の低圧出力電圧を整流して 15 V 程度の直流電圧を作り，定電圧回路で正確な DC12 V を出力している。この回路では商用周波数の変圧器を使うので，その寸法と重量が大きくなる。

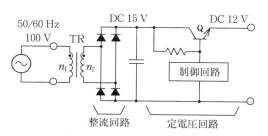

図 2.29　従来の直流電源回路

　スイッチング電源と呼ばれている，DC/DC コンバータを使った直流電源装置の例を図 **2.30** に示す。この回路では 100 V の商用電圧を直接整流して，140 V 程度の直流電圧にし，絶縁型 DC/DC コンバータで正確な DC12 V を出力している。この回路の変圧器 TR は高周波で動作するので，従来の直流電源回路の変圧器よりも大幅に小型軽量化されている。家電製品や OA 機器など商用電源で動作するほとんどの電気製品には，このような直流電源回路が内蔵されている。絶縁型 DC/DC コンバータは，電気製品の小型軽量化に大きな役割を果たしている。

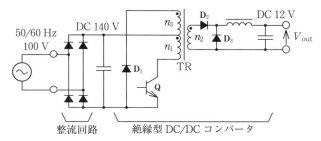

図 2.30　最近の直流電源回路（スイッチング電源）の例

2.6.2　変圧器の高周波での動作

変圧器の構造を図 2.31 に示す。交流電圧 v_1 が 1 次巻線に印加されて鉄心に磁束 ϕ が発生し，電磁誘導で 2 次巻線に v_2 が出力される。ファラデーの法則から磁束 ϕ と電圧 v_1 の間には次式が成立する。B は磁束密度，S は鉄心の断面積，n は 1 次巻線の巻数である。

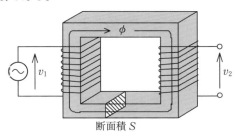

図 2.31　変圧器の構造

$$\phi = BS = \frac{1}{n}\int v_1 dt \tag{2.18}$$

v_1 が $v_1 = E\sin\omega t$ で表される正弦波ならば，次式が成立する。

$$B = \frac{1}{Sn}\int E\sin\omega t\, dt \tag{2.19}$$

B は正弦波の位相角 0 度から 180 度までを積分したときに最大となり，最大値 $B_{\max}$ は次式で表される。なお，f は周波数で，$\omega = 2\pi f$ である。

$$\begin{aligned}B_{\max} &= \frac{1}{Sn}\int_0^{\pi/\omega} E\sin\omega t\, dt = \frac{E}{Sn}\frac{1}{\omega}[-\cos\omega t]_0^{\pi/\omega}\\ &= \frac{E}{Sn}\frac{2}{\omega} = \frac{E}{Sn}\frac{1}{\pi f}\end{aligned} \tag{2.20}$$

磁束密度の最大値 $B_{\max}$ には，鉄心の材質で決まる上限値が存在する。これを超えると，鉄心の飽和という現象が発生し，変圧器が機能しなくなる。上限値を飽和磁束密度 B_{sat} といい，通常の鉄なら $1\,\mathrm{Wb/m^2}$ 程度である。したがって，次式が成立するように，鉄心断面積 S や 1 次巻線の巻数 n を設計する。

$$B_{\max} = \frac{E}{Sn}\frac{1}{\pi f} < B_{\mathrm{sat}} \tag{2.21}$$

$$\therefore Sn > \frac{E}{\pi B_{\mathrm{sat}}}\frac{1}{f} \tag{2.22}$$

v_1 が図 **2.32**(a) のように，ピーク値 E，パルス幅 T_{on} の方形波の場合は，$B_{\max}$ は式 (2.18) から次のように計算される。

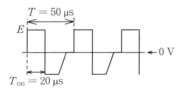 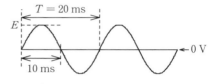

(a) 最近の直流電源回路　　　(b) 従来の直流電源回路

図 **2.32**　変圧器印加電圧

$$B = \frac{1}{Sn}\int E\,dt \tag{2.23}$$

$$B_{\max} = \frac{1}{Sn}\int_0^{T_{\mathrm{on}}} E\,dt = \frac{E}{Sn}T_{\mathrm{on}} \tag{2.24}$$

$$T_{\mathrm{on}} = T\alpha = \frac{\alpha}{f} \qquad (T は v の周期，\alpha は通流率) \tag{2.25}$$

$$\therefore Sn > \frac{E\alpha}{B_{\mathrm{sat}}}\frac{1}{f} \tag{2.26}$$

Sn は「鉄心断面積×1 次巻線の巻き数」であり，この値が変圧器の大きさの指標となる。式 (2.22)，式 (2.26) からわかるように，Sn は周波数に反比例するので，変圧器を高周波で使用すると大幅に小型・軽量化できる。

小型・軽量化の具体的な例として，図 2.29 に示した従来の直流電源回路と，図 2.30 に示した DC/DC コンバータを使った直流電源回路，それぞれにおける変圧器の大きさを比較する。ただし，従来の直流電源回路の変圧器 1 次巻線に印

加する電圧波形は図 2.32(b) とする。また，DC/DC コンバータを使った直流電源回路の変圧器 1 次巻線に印加する電圧波形は図 2.32(a) とする。鉄心の飽和磁束密度 B_sat は 1 Wb/m^2 とする。

従来の直流電源回路では，印加電圧が正弦波なので式 (2.22) を使用する。$E = 100\sqrt{2}\,[\text{V}]$，$f = 50\,\text{Hz}$ を代入すると，$Sn > 0.90$ となる。たとえば，$S = 10\,\text{cm}^2$ であれば，$n > 900$ ターンである。DC/DC コンバータを使った直流電源回路では，印加電圧が方形波なので，式 (2.26) を使用する。$E = 140\,\text{V}$，$f = 20\,\text{kHz}$，$\alpha = 0.4$ を代入すると，$Sn > 0.0028$ となる。たとえば，$S = 1\,\text{cm}^2$ であれば，$n > 28$ ターンである。すなわち，DC/DC コンバータを使った直流電源回路では，変圧器の「鉄心断面積×1 次巻線の巻数」の値を $\dfrac{0.0028}{0.90} = \dfrac{1}{320}$ に小さくできる。

パワーエレクトロニクスとは

パワーエレクトロニクスとはパワー（power）をエレクトロニクス（electronics）で制御する技術である。「パワー（power）」は日本語に訳せば「力」であるが，電気の世界では「電力」を意味する。したがって，パワーエレクトロニクスはエレクトロニクスで電力を制御する技術である。

「エレクトロニクスで電力を制御する」とは具体的には半導体を使って電力の性質を変えることであり，たとえば，交流を直流に変える，直流を交流に変える，不安定な電圧を安定させる，などを意味する。電力の性質を変えることは「電力変換」と呼ばれるので，パワーエレクトロニクスを日本語では「半導体電力変換技術」という。電力変換には大きく分けて次の四つの種類がある。

① 順変換　（AC/DC 変換：交流を直流に変える → 整流回路）
② 逆変換　（DC/AC 変換：直流を交流に変える → インバータ）
③ 直流変換（DC/DC 変換：直流の電圧を変える →DC/DC コンバータ）
④ 交流変換（AC/AC 変換：交流の周波数を変える → サイクロコンバータ）

現在のほとんどの電気製品はこれらの電力変換技術を巧妙に組み合わせてその性能を発揮している。2.1.1 項ではノートパソコン，太陽光発電システム，電気自動車の例を紹介したが，家電製品，OA 機器，通信装置，なども電力変換技術によって作られている。パワーエレクトロニクスは現在では電気を用いるおよそあらゆる分野で使用されており，人々の生活を支えている。

章末問題

<問題 2.1> 降圧チョッパの原理を示す図 2.33 の回路で,SW を 1 s 間隔でオン・オフさせたときの,リアクトル電流 i の時間変化を図示せよ。

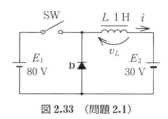

図 2.33 (問題 2.1)

<問題 2.2> 昇降圧チョッパの原理を示す図 2.34 の回路で,SW を 1 s 間隔でオン・オフさせたときの,リアクトル電流 i の時間変化を図示せよ。

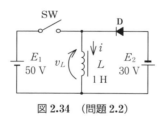

図 2.34 (問題 2.2)

<問題 2.3> 図 2.35 において E_2 の電圧が 30 V,40 V,50 V それぞれの場合について,リアクトル電流 i_L の変化を図示せよ。ただし,i_L の初期値は 100 A とし,Q のオン・オフ動作の時間間隔を 10 μs とする。

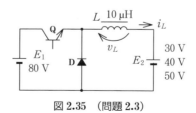

図 2.35 (問題 2.3)

<問題 2.4> 図 2.36 において E_2 の電圧が 30 V,50 V,70 V それぞれの場合についてリアクトル電流 i_L の変化を図示せよ。ただし,ただし,i_L の初期値は 100 A とし,Q のオン・オフ動作の時間間隔を 10 μs とする。

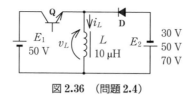

図 2.36 （問題 2.4）

<問題 2.5> 降圧チョッパを示す図 2.5 の回路において，トランジスタ Q がオンのときとオフのときのリアクトル L の電流の変化分を，それぞれ求めよ．次に，両者の和が 0 A であることを使って降圧チョッパの出力電圧の式

$$V_{\text{out}} = V_{\text{in}} \alpha$$

を導出せよ．

<問題 2.6> 昇降圧チョッパを示す図 2.9 の回路において，トランジスタ Q がオンのときとオフのときのリアクトル L の電流の変化分を，それぞれ求めよ．次に，両者の和が 0 A であることを使って昇降圧チョッパの出力電圧の式

$$V_{\text{out}} = V_{\text{in}} \frac{\alpha}{1-\alpha}$$

を導出せよ．

<問題 2.7> ある DC/DC コンバータの変圧器 1 次巻線電圧波形を図 2.37 に示す．この変圧器の 1 次巻線の適切な巻数を求めよ．ただし，変圧器の鉄心断面積は $2\,\text{cm}^2$，飽和磁束密度は $0.3\,\text{Wb/m}^2$ とする．

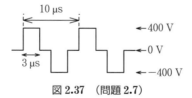

図 2.37 （問題 2.7）

3章 変圧器と励磁電流

2章で説明したようにDC/DCコンバータの動作にはリアクトルが重要な役割を果たしている。そして絶縁型DC/DCコンバータでは変圧器も重要な役割を果たす。リアクトルと変圧器の特性については電気機器学の書籍で詳しく説明されているが，本書ではDC/DCコンバータの理解に必要なリアクトルと変圧器の基礎を説明する。また，DC/DCコンバータでは変圧器を通常の使い方とは異なる特殊な動作状態で使用する。特に励磁電流の振舞いには特別な注意が必要であり詳しく説明する。

3.1 リアクトルの基礎

リアクトルの構造を図3.1に示す。鉄心に巻数nの巻線が巻かれている。鉄心にはギャップと呼ばれる隙間を設ける場合が多い。ギャップ長をl_g，鉄心の断面積をSとする。巻線に電圧vを印加すると，電流iが流れて鉄心に磁束ϕが発生する。磁束は電流に比例し，次式が成立する。

$$\phi = \frac{ni}{R_\mathrm{m}} \tag{3.1}$$

niを**起磁力**，R_mを**磁気抵抗**といい，式(3.1)は磁気回路におけるオームの法則

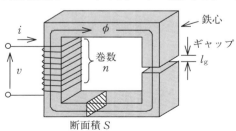

図3.1 リアクトルの構造

と呼ばれる．電気回路のオームの法則と磁気回路のオームの法則は**表 3.1** のように対応する．

表 3.1　電気回路のオームの法則と磁気回路のオームの法則

電気回路	電流 ＝ 電圧 ÷ 電気抵抗 I　　　V　　　R	$I = \dfrac{V}{R}$
磁気回路	磁束 ＝ 起磁力 ÷ 磁気抵抗 ϕ　　　ni　　　R_m	$\phi = \dfrac{ni}{R_\mathrm{m}}$

ファラデーの法則（電磁誘導の法則）から，電圧 v と磁束 ϕ と巻数 n の間には次式が成立する．

$$v = n \frac{d\phi}{dt} \tag{3.2}$$

式 (3.2) に式 (3.1) を代入すると

$$v = n \frac{d}{dt}\left(\frac{ni}{R_\mathrm{m}}\right) = \frac{n^2}{R_\mathrm{m}} \frac{di}{dt} \tag{3.3}$$

インダクタンスの電圧と電流の関係式は

$$v = L \frac{di}{dt} \tag{3.4}$$

であるので，式 (3.3) との比較からインダクタンス L は次式で表される．

$$L = \frac{n^2}{R_\mathrm{m}} \tag{3.5}$$

すなわち，インダクタンスは巻数の 2 乗に比例し，磁気抵抗に反比例する．また，式 (3.2) と式 (3.4) との対応から次式が成立する．

$$n\phi = Li \tag{3.6}$$

$n\phi$ は**磁束鎖交数**と呼ばれる．磁束鎖交数の電流に対する比がインダクタンスである．

磁気抵抗 R_m は次式で表される．

$$R_\mathrm{m} = \frac{l}{\mu S} \tag{3.7}$$

l は**磁路長**と呼ばれ，磁束 ϕ の径路の長さであり，図 3.1 では鉄心 1 周分の長さとなる．μ は透磁率，S は鉄心の断面積である．磁気抵抗 R_m は電気抵抗 R と

表 3.2 電気抵抗と磁気抵抗

電気抵抗	電気抵抗 ＝ 電線長 ÷（導電率 × 電線断面積） R　　　　l　　　　σ　　　　S	$R = \dfrac{l}{\sigma S}$
磁気抵抗	磁気抵抗 ＝ 磁路長 ÷（透磁率 × 鉄心断面積） R_m　　　　l　　　　μ　　　　S	$R_\mathrm{m} = \dfrac{l}{\mu S}$

表 3.2 のように対応する。

図 3.1 のようにギャップがある場合，磁気抵抗 R_m は，ギャップ部分の磁気抵抗 R_mg と鉄の部分の磁気抵抗 R_mi との和となり，次式で表される。

$$R_\mathrm{m} = R_\mathrm{mg} + R_\mathrm{mi} = \frac{l_\mathrm{g}}{\mu_0 S} + \frac{l_\mathrm{i}}{\mu_\mathrm{i} S} \tag{3.8}$$

μ_0 は真空の透磁率，μ_i は鉄の透磁率，l_g はギャップ長，l_i は鉄の部分の磁路長である。ただし，$l_\mathrm{g} \ll l_\mathrm{i}$ なので $l_\mathrm{i} = l$ として計算してもよい。また，$\mu_0 \ll \mu_\mathrm{i}$ なので，ギャップ長がある程度大きい場合は $\dfrac{l_\mathrm{g}}{\mu_0 S} \gg \dfrac{l_\mathrm{i}}{\mu_\mathrm{i} S}$ であり，$R_\mathrm{m} \fallingdotseq R_\mathrm{mg}$ と考えてよい。式 (3.8) からギャップ長 l_g を調整すると磁気抵抗 R_m が変化するので，式 (3.5) に従ってインダクタンス L を調整できる。DC/DC コンバータでは数十 µH〜数百 µH 程度のリアクトルを使用することが多く，数百 µm〜数 mm 程度のギャップが設けられる場合が多い。

3.2 変圧器の基礎

3.2.1 変圧器の電圧，電流，磁束

変圧器の構造を図 3.2 に示す。鉄心に 1 次巻線と 2 次巻線が巻かれている。1 次巻線に電圧 v_1 を印加すると，電流 i_m が流れて鉄心に磁束 ϕ_m が発生する。i_m によって磁束が発生するので，i_m は**励磁電流**と呼ばれる。ϕ_m の発生には 2 次巻

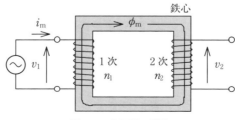

図 3.2 変圧器の構造

線は関与しておらず，i_m が ϕ_m を発生させる現象は図 3.1 において，リアクトル電流 i が磁束 ϕ を発生させる現象と同じである．したがって，変圧器の励磁電流はリアクトル電流と同じ法則に従う．たとえば，リアクトル電流の変化量を示す式 (2.8) と同様に，励磁電流の変化量も電圧と時間の積に比例する．2.3.3 項でリアクトル電流の連続性について説明したが，励磁電流も連続性が成立する．

i_m と ϕ_m の間にはリアクトルと同様に磁気回路のオームの法則が成立し，次式の関係となる．ここで，n_1 は 1 次巻線の巻数である．

$$\phi_m = \frac{n_1 i_m}{R_m} \tag{3.9}$$

ファラデーの法則から，v_1 と ϕ_m と n_1 の間には次式が成立する．

$$v_1 = n_1 \frac{d\phi_m}{dt} \tag{3.10}$$

図 3.2 に示すように，1 次巻線で発生した磁束 ϕ_m は鉄心を介して 2 次巻線に鎖交し，ファラデーの法則により次式で与えられる電圧 v_2 を発生させる．なお n_2 は 2 次巻線の巻数である．

$$v_2 = n_2 \frac{d\phi_m}{dt} \tag{3.11}$$

式 (3.10) の両辺を式 (3.11) の両辺で割ると次式が成立する．

$$\frac{v_1}{v_2} = \frac{n_1}{n_2} \tag{3.12}$$

式 (3.12) から巻線の電圧は巻数に比例することがわかる．

3.2.2　変圧器とリアクトルの BH 曲線

変圧器において磁束 ϕ_m，鉄心断面積 S，磁束密度 B，透磁率 μ，磁界 H との間には，次式の関係がある．

$$\frac{\phi_m}{S} = B = \mu H \tag{3.13}$$

磁界 H は起磁力を磁路長で割ったものなので，次式が成立する．

$$H = \frac{i_m n_1}{l} \tag{3.14}$$

BH 曲線は X 軸を H，Y 軸を B として，B と H の関係を示すグラフであ

る。磁界 H は励磁電流 i_m に比例するので，**BH 曲線**から励磁電流による磁束密度の変化を確認できる。励磁電流と磁束密度は DC/DC コンバータの特性に大きな影響を与えるので，BH 曲線は DC/DC コンバータの動作を理解するために重要である。

図 3.2 において v_1 を 0 V から 300 V まで 7 通りに変化させ，BH 曲線を実測した結果を**図 3.3** に示す。式 (3.13) から，B は H に比例し，比例係数が透磁率 μ である。したがって，透磁率 μ が一定の値であれば BH 曲線は曲線ではなく 1 本の直線になるはずであるが，鉄の透磁率は磁界 H の大きさや H の変化の方向や速度により大きく変化するため，図のように**ヒステリシス曲線**と呼ばれる独特の形状をした曲線となる。

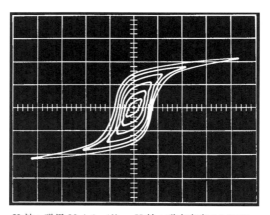

X 軸：磁界 90 A/m/div，Y 軸：磁束密度 0.5 T/div
（電源電圧を変化させ，ポラロイドカメラで 7 回露光）

図 3.3 変圧器の BH 曲線の測定例

鉄心にギャップを挿入した場合は，全体の透磁率 μ は鉄の透磁率 μ_i と真空の透磁率 μ_0 の合成となり，磁気抵抗は式 (3.8) から次のようになる。

$$\frac{l}{\mu S} = \frac{l_\mathrm{g}}{\mu_0 S} + \frac{l_\mathrm{i}}{\mu_\mathrm{i} S} \tag{3.15}$$

l_i を l で近似し，整理すると

$$\mu = \frac{1}{\dfrac{l_\mathrm{g}}{l}\dfrac{1}{\mu_0} + \dfrac{1}{\mu_\mathrm{i}}} \tag{3.16}$$

$\mu_0 \ll \mu_i$ なので，l_g がある程度大きいときは次式が成立する。

$$\mu \fallingdotseq \mu_0 \frac{l}{l_g} \tag{3.17}$$

ギャップを挿入すると鉄の透磁率の影響は無視できる程度となり，真空の透磁率で BH 曲線の形状が決まる。ギャップの大きさによる BH 曲線の変化を図 **3.4** に示す。μ_0 は一定値（$4\pi \times 10^{-7}$）なので，ギャップがある程度大きいときは，図 (c) のように BH 曲線はほぼ直線となる。

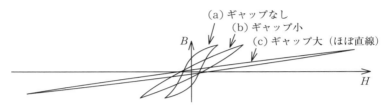

図 3.4　ギャップによる BH 曲線の変化

通常の用途では変圧器の鉄心にキャップを挿入しないので，BH 曲線は図 3.3 や図 3.4(a) の形状になるが，DC/DC コンバータではギャップを挿入することも多い。なお，リアクトルは通常大きなギャップを挿入するので，リアクトルの BH 曲線は図 (c) のようにほぼ直線とみなせる。

3.2.3　負荷電流と励磁電流

次に，図 **3.5** のように 2 次巻線に負荷抵抗 R_L を接続した状態を考える。2 次巻線には次式の負荷電流 i_2 が流れる。

$$i_2 = \frac{v_2}{R_L} \tag{3.18}$$

2 次巻線に電流 i_2 が流れると，磁気回路のオームの法則の式 (3.1) に従って，式 (3.19) で示される磁束 ϕ_{m2} が発生しようとするが，1 次巻線には磁束 ϕ_{m2} を打

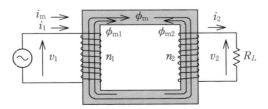

図 3.5　変圧器の電流と磁束

ち消す大きさの電流 i_1 が流れる。その結果，負荷電流が流れても鉄心の磁束の大きさは変わらず，3.2.1 項で求めた式 (3.9) の ϕ_m から変化することはない。

$$\phi_{\mathrm{m}2} = \frac{n_2 i_2}{R_\mathrm{m}} \tag{3.19}$$

i_1 が作る磁束を $\phi_{\mathrm{m}1}$ とすると

$$\phi_{\mathrm{m}1} = \frac{n_1 i_1}{R_\mathrm{m}} \tag{3.20}$$

$\phi_{\mathrm{m}2}$ と $\phi_{\mathrm{m}1}$ は同じ大きさなので次式が成立し，i_2 と i_1 の大きさは巻線の巻数に反比例する。

$$\frac{n_2 i_2}{R_\mathrm{m}} = \frac{n_1 i_1}{R_\mathrm{m}} \quad \text{よって，} \quad n_2 i_2 = n_1 i_1 \tag{3.21}$$

式 (3.21) は等アンペアターンの法則と呼ばれる。

変圧器の巻線には次の 3 種類の電流が流れている。

i_m：励磁電流

i_1：1 次側の負荷電流

i_2：2 次側の負荷電流

1 次巻線には i_m と i_1 の 2 種類の電流が流れる。式 (3.9) より i_m は $\frac{\phi_\mathrm{m} R_\mathrm{m}}{n_1}$ で与えられる。鉄心にギャップを設けない場合，磁気抵抗 R_m は小さいので i_m は十分小さく，定格負荷時には $i_\mathrm{m} \ll i_1$ となる。

3.2.4 変圧器の漏れ磁束

電流 i_1 と i_2 の作る磁束は大きさが同じで方向が逆なので，互いに打ち消し合い，鉄心の中には磁束が生じない。しかし，一部の磁束は図 3.6 のように鉄心の外に漏れる。この漏れた磁束は打ち消すことはできずに残存し，**漏れ磁束**または

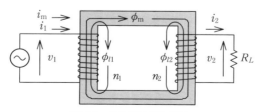

図 3.6　変圧器の漏れ磁束

漏洩磁束と呼ばれる。電流 $i_1 + i_m$ の作る漏れ磁束が ϕ_{l1}，電流 i_2 の作る漏れ磁束が ϕ_{l2} である。

3.2.5 励磁インダクタンスと漏れインダクタンス

励磁電流はリアクトル電流と同じ性質を持つので，式 (3.3) と式 (3.5) と同様に次式が成立する。

$$v_1 = \frac{n_1^2}{R_m} \frac{di_m}{dt} \tag{3.22}$$

$$L_m = \frac{n_1^2}{R_m} \tag{3.23}$$

ここで，L_m は**励磁インダクタンス**と呼ばれる。この L_m を用いて励磁電流 i_m をリアクトル電流と同じ方法で容易に計算できる。たとえば，v_1 が 60 Hz で 100 V，L_m が 1 H なら，i_m の実効値 I_m は，次のように求められる。

$$I_m = 100 \div \omega L_m = 0.27 \text{ A}$$

i_m は 1 次巻線電圧 v_1 と L_m で決まるので，図 3.7 のように等価的に 1 次巻線と並列に L_m が接続されていると考えられる。

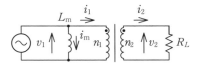

図 3.7 励磁インダクタンスを考慮した変圧器の等価回路

3.2.4 項で説明したように，負荷電流 i_1 と i_2 は，それぞれ漏れ磁束 ϕ_{l1} と ϕ_{l2} を作る。式 (3.6) で示したように，電流と磁束鎖交数の比がインダクタンスである。このため，「漏れ磁束×巻き数÷負荷電流」で与えられるインダクタンスは**漏れインダクタンス**と呼ばれる。i_1 と ϕ_{l1} によるインダクタンスは 1 次側漏れインダクタンス L_{l1}，i_2 と ϕ_{l2} によるインダクタンスは 2 次側漏れインダクタンス L_{l2} と呼ばれる。DC/DC コンバータでは漏れインダクタンスは負荷電流が転流するときのサージ電圧の発生などに大きな影響を与える。

漏れインダクタンス L_{l2} は i_2 によって発生し，i_2 の動作に影響を与えるので，図 3.8 のように等価的に変圧器の 2 次側に直列に接続されていると考えられる。また，1 次側漏れインダクタンス L_{l1} は $i_1 + i_m$ によって発生し，$i_1 + i_m$ の動作

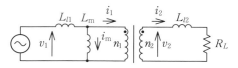

図 3.8 漏れインダクタンスも考慮した変圧器の等価回路

に影響を与えるので，等価的に変圧器の1次側に直列に接続されていると考えられる。2次側漏れインダクタンス L_{l2} は，図 3.9 のように1次側に換算した $L_{l2}{}'$ を用いて解析することが多い。$L_{l2}{}'$ は次式で与えられる。

$$L_{l2}{}' = L_{l2}\left(\frac{n_1}{n_2}\right)^2 \tag{3.24}$$

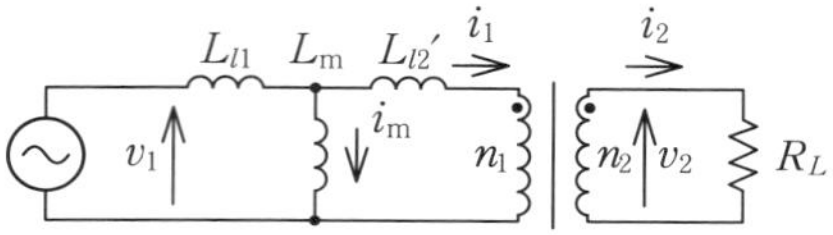

図 3.9 漏れインダクタンスを1次側に換算

さらに，通常は $i_1 \gg i_m$ なので，図 3.10 のように $L_{l2}{}'$ を移動させ L_{l1} と合体した L_l として解析することが多い。L_l は次式で与えられる。

$$L_l = L_{l1} + L_{l2}{}' = L_{l1} + L_{l2}\left(\frac{n_1}{n_2}\right)^2 \tag{3.25}$$

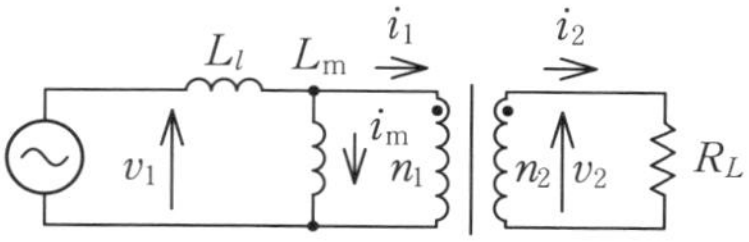

図 3.10 漏れインダクタンスを集約

3.2.6 励磁インダクタンスと漏れインダクタンスの測定

励磁インダクタンス L_m と漏れインダクタンス L_l は，DC/DC コンバータの特性に大きな影響を与えるので，変圧器を試作したときは L_m と L_l を測定する必要がある。図 3.10 の等価回路を用いれば容易に測定方法が理解できる。まず，図 3.11 のように2次側を開放して，1次巻線のインダクタンスを LCR メータで測定すれば $L_l + L_m$ の値を測定できる。通常は $L_m \gg L_l$ なので，この方法で得た値を L_m のインダクタンスと考えてよい。次に，図 3.12 のように2次巻線を短絡して，1次巻線のインダクタンスを測定すれば L_l の値が測定できる。

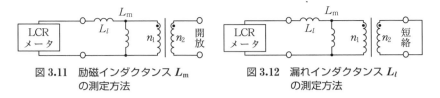

図 3.11　励磁インダクタンス L_m の測定方法

図 3.12　漏れインダクタンス L_l の測定方法

3.2.7　変圧器の極性表示

図 3.13(a) に変圧器の通常の回路図を示す．この図からは変圧比が 1：2 であり，v_2 が v_1 の 2 倍の大きさであることはわかるが，v_1 と v_2 の極性はわからない．図 3.14 に v_1 と v_2 が同極性の場合と逆極性の場合の波形を示す．変圧器の通常の用途では極性はあまり問題にならないが，DC/DC コンバータでは**変圧器の極性**が重要である．そこで極性を明確にするために，図 3.13(b)，(c)，(d) のように巻線記号の一端に極性記号（黒丸）を記載する．図 (b) は v_1 と v_2 が**同極性**であることを表しており図 3.14(a) に対応する．図 3.13(c) は v_1 と v_2 が**逆極性**であることを表しており図 3.14(b) に対応する．極性は相対的なものなので，図 3.13(c) と (d) は同じことを表しておりどちらを用いてもよい．

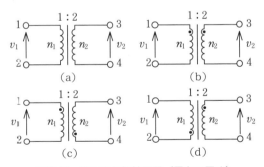

図 3.13　変圧器の極性記号（黒丸で示す）

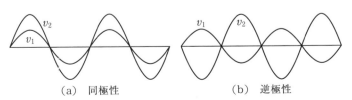

図 3.14　電圧の極性

図 3.15 に巻線の方向と極性の関係を示す。図 3.15(a) の n_1 巻線と n_2 巻線は巻線の方向が同じであり v_1 と v_2 は同極性になる。したがって，図 3.15(a) を回路図で示せば図 3.13(b) となる。図 3.15(b) の n_1 巻線と n_2 巻線は巻線の方向が逆であり v_1 と v_2 は逆極性になる。したがって，図 3.15(b) を回路図で示せば図 3.13(c) または (d) となる。

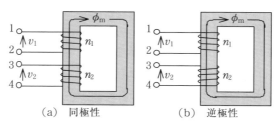

図 3.15　巻線の方向と極性

3.3　DC/DC コンバータと励磁電流

3.3.1　1 石フォワード方式 DC/DC コンバータの動作[1]

図 3.5 の変圧器回路では励磁電流 i_m は，常に 1 次巻線を流れ 2 次巻線には流れることがなく，負荷に供給されることもない。しかし，DC/DC コンバータでは変圧器の巻線電流がスイッチ素子でオン・オフされるので，励磁電流の振舞いは複雑である。2 次巻線を流れる場合もあり，負荷に供給される場合もある。励磁電流は DC/DC コンバータの特性に重要な影響を与えている。

図 3.16 に示す 1 石フォワード方式 DC/DC コンバータを例として，DC/DC コンバータにおける励磁電流の振舞いを説明する。DC/DC コンバータはスイッ

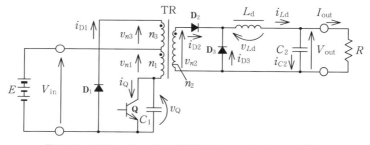

図 3.16　1 石フォワード方式 DC/DC コンバータの回路構成

3.3 DC/DC コンバータと励磁電流　37

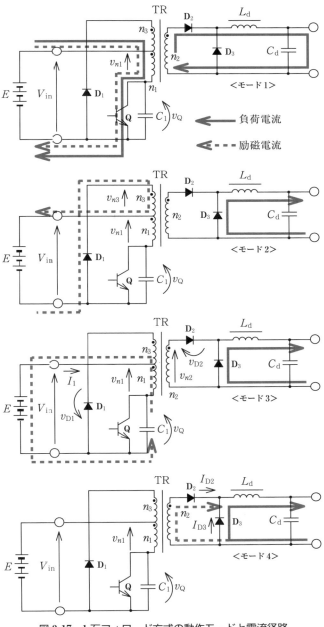

図 3.17　1石フォワード方式の動作モードと電流径路

チ素子のオン・オフに伴って，回路の動作モードが頻繁に切り替わり，電流径路も大きく変化する。1石フォワード方式DC/DCコンバータでは，図3.17に示すように四つの動作モードが存在する。また，回路各部の主要な電圧・電流波形を図3.18に示す。励磁電流 i_m は変化をわかりやすくするために拡大して表示している。また，励磁電流はいろんな巻線に転流するが，一つの波形として表示している。各動作モードの概要は次のとおりである。

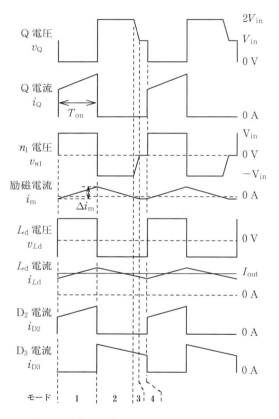

（i_m は拡大して表記している）
図3.18 1石フォワード方式の主要波形

＜モード1＞ スイッチ素子Qがオンしており，n_1 巻線には入力電圧 V_{in} が印加されている。したがって，励磁電流 i_m はモード1の期間中に次式に従って増加する。T_{on} はQのオン時間であり，モード1の継続時間に等しい。

$$\Delta i_\mathrm{m} = \frac{1}{L_\mathrm{m}} v_{n1} T_\mathrm{on} = \frac{1}{L_\mathrm{m}} V_\mathrm{in} T_\mathrm{on} \tag{3.26}$$

2 次巻線 n_2 には $V_\mathrm{in} \dfrac{n_2}{n_1}$ の電圧が生じ，ダイオード D_2 が導通し，2 次側に電力が供給される．Q がターンオフしてモード 2 へ移行する．

＜モード 2 ＞　　Q がターンオフしたので n_1 巻線の電流は遮断される．2.3.3 項で示したように，リアクトルの電流は，動作モードが変わっても同じ大きさで流れ続ける．したがって，L_d 電流は D_3 を通って環流する．D_3 は環流ダイオードまたはフライホイールダイオードと呼ばれる．励磁電流もリアクトル電流と同様に，動作モードが変わっても同じ大きさで流れ続けなければならない．そこで n_1 巻線から n_3 巻線に転流して流れ続ける．$v_{n3} = -V_\mathrm{in}$ となるので励磁電流は減少し，やがて 0 A となりモード 3 へ移行する．

＜モード 3 ＞　　n_1 と n_3 が同じ巻数なら，モード 2 において C_1 は $2V_\mathrm{in}$ に充電されており，図 3.18 に示すように $v_\mathrm{Q} = 2V_\mathrm{in}$ となっている．したがって，モード 3 開始時の n_1 巻線電圧 v_{n1} は次式に示すように $-V_\mathrm{in}$ となっている．

$$v_{n1} = V_\mathrm{in} - v_\mathrm{Q} = -V_\mathrm{in} \tag{3.27}$$

励磁電流は n_1 巻線を負方向（下から上）に流れ，徐々に負方向に増加する．励磁電流は C_1 の電荷を放電する方向に流れるので，図 3.18 に示すように v_Q は徐々に低下する．v_Q が V_in まで低下してモード 4 へ移行する．なお，C_1 はスイッチ素子 Q の寄生容量とスナバコンデンサの容量の合計である．

＜モード 4 ＞　　v_Q が V_in まで低下すると式 (3.27) からわかるように v_{n1} は 0 V となる．v_Q がさらに低下すると v_{n1} は正の値となり，v_{n2} も正の値となるので整流ダイオード D_2 が順バイアスされて導通する．この時点で励磁電流は n_1 巻線から n_2 巻線に転流し，C_1 の放電は終了する．したがって，モード 4 では C_1 の電圧 v_Q は一定である．その後 Q がターンオンしてモード 1 へ移行する．

3.3.2　DC/DC コンバータにおける励磁電流の重要な特徴[2]

上記の 1 石フォワード方式 DC/DC コンバータの例から，DC/DC コンバータの励磁電流には次のような重要な性質があることがわかる．

① 励磁電流にはペアになる電流がない．

この性質は図 3.5 に示した変圧器の通常の使用方法の場合と変わらない．図

3.17 のモード 1 では負荷電流は n_1 巻線電流と n_2 巻線電流がペアになっており，互いに磁束を打ち消し合い鉄心には磁束を生じない。一方，励磁電流は n_1 巻線にのみ流れておりペアになる電流はなく，磁束を生じている。

② 励磁電流は動作モードが変わっても流れ続ける。

3.2.1 項で説明したように，励磁電流は通常のリアクトル電流と同じものである。ゆえに，2.3.3 項で説明したリアクトル電流の連続性と同じ性質が励磁電流にも備わっている。したがって，スイッチ素子のオン・オフなどに伴って回路の動作モードが変化しても，励磁電流は同じ大きさで流れ続ける。なお，次の③，④で示すように励磁電流が他の巻線に転流する場合は，励磁電流の大きさは巻数に反比例する。

③ 励磁電流は最も流れやすいほうの巻線を流れる。

励磁電流の役割は鉄心に磁束を作ることである。鉄心に複数の巻線がある場合は，どの巻線に電流が流れても同じように磁束ができるので，励磁電流は最も流れやすいほうの巻線を流れる。図 3.17 のモード 1 では，n_1 巻線に電圧 V_{in} が印加されているので励磁電流は n_1 巻線を流れるが，モード 2 では Q がオフするので n_1 巻線に流れることができず，また，D_2 が逆バイアスされているので n_2 巻線にも流れることができず，結局 n_3 巻線を流れる。モード 3 では n_1 巻線を下から上の方向に流れているが，モード 4 では D_2 が順バイアスとなるので，n_1 巻線よりも流れやすい n_2 巻線に転流する。このように，励磁電流は動作モードに応じて，それぞれの場合の最も流れやすい巻線を流れる。

④ 転流前後の励磁電流のアンペアターンは変化しない。

磁気回路のオームの法則の式 (3.1) により磁束は励磁電流（アンペア）と巻数（ターン）の積すなわち起磁力に比例する。励磁電流が他の巻線に転流するときも磁束は変化しないので起磁力も変化しない。したがって，転流前後の起磁力（アンペア×ターン）は変化しない。たとえば，図 3.17 において n_1 を 20 ターン，n_2 を 2 ターンとすると，モード 3 終了時点の n_1 巻線を流れる励磁電流が 0.1 A ならモード 4 の n_2 巻線を流れる励磁電流は 1 A となる。

⑤ 励磁電流はリアクトルと同じ式で計算できる。

3.2.1 項で説明したように，励磁電流は通常のリアクトル電流と同じものなので，励磁インダクタンス L_{m} を使えば励磁電流の変化量 Δi_{m} はリアクトルと同じ式で計算できる。たとえば，図 3.17 のモード 1 の Δi_{m} は式 (3.26) で計算で

きるが，これはリアクトル電流の式 (2.8) と同じである。

⑥ 励磁電流は 2 次巻線にも流れ，負荷に供給される場合も多い。

図 3.17 に示したようにモード 4 では励磁電流は 2 次巻線を流れ，負荷に供給されている。図 3.5 のような変圧器の通常の使い方では，励磁電流は 1 次巻線のみを流れ負荷に供給されることはないが，DC/DC コンバータでは 2 次巻線にも流れ，負荷に供給される場合も多い。

パワーエレクトロニクスの最も有名な論文

パワーエレクトロニクスのほとんどの教科書では最初のページにコラム図 **3.1** のような図が掲載されており，パワーエレクトロニクスは電力と制御とエレクトロニクスの三つの基本技術をベースとして成立した学問であることが説明されている。そしてこの図は William E. Newell 博士が 1973 年に発表した "Power Electronics-Emerging from Limbo" という論文[3]から引用したものであることが記載されている。したがって，この論文はパワーエレクトロニクスを学ぶほとんどの学生や技術者に知られているパワーエレクトロニクスの最も有名な論文といえるだろう。

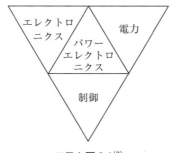

コラム図 **3.1**[3]

しかしながら，この Newell 博士の論文を実際に読んだことのある人はあまりいないのではないだろうか。この論文は上記の三角形の図があまりにも有名になってしまい，パワーエレクトロニクスに定義を与えた論文として人々に記憶されている。しかし，実はこの論文はパワーエレクトロニクスに定義を与えるために書かれた論文ではなく，1973 年の当時，まだ一つの学問分野として認知されていなかったパワーエレクトロニクスを一人前の学問として世の中に出現させることが Newell 博士の目的だったのである。

論文の題名にある "Limbo" は日本人にはなじみの薄い言葉であるが，キリスト教の用語で「死後の世界ではあるが，天国でも地獄でもない所」である。

キリスト教の洗礼を受ける前に死んでしまった子供たちの魂が，天国に行けずにさまよっている所である。Newell 博士は当時のパワーエレクトロニクスを Limbo の中でさまよっている魂にたとえている。この論文は当時のパワーエレクトロニクスの技術者達に向かって，パワーエレクトロニクスが Limbo の中をさまよっている状況を説明し，そして Limbo から光のあたる世界に出現 (Emerging) させるために団結することを呼びかけている。

　この論文を読むと，当時のパワーエレクトロニクスの状況がいかにひどいものであったかよくわかる。そして現在，我々はパワーエレクトロニクスを学ぶ上ですばらしく恵まれた環境にあることがわかる。それは 1973 年の Newell 博士の呼びかけを一つのきっかけとして，パワーエレクトロニクスの技術者達が団結して努力した結果もたらされたものといえるだろう。パワーエレクトロニクスは，いままさに Newell 博士の呼びかけどおり Limbo からの出現が完了しているといえる。この論文は「パワーエレクトロニクスを定義した論文」というより「パワーエレクトロニクスを出現させた論文」というべきだろう。この論文の翻訳は参考文献 (4) で参照できる。

章末問題

<問題 3.1> 次の問に答えよ。
  (1) 図 3.1 において，断面積 $S = 4\,\mathrm{cm}^2$，ギャップ長 $l_\mathrm{g} = 2\,\mathrm{mm}$ であった。ギャップの磁気抵抗 R_mg を求めよ。なお，真空の透磁率は $4\pi \times 10^{-7}$ である。
  (2) 図 3.1 の鉄心の磁路長 l は 40 cm，比透磁率は 4 000 であった。鉄の部分の磁気抵抗 R_mi を求めよ。
  (3) この鉄心全体の磁気抵抗 R_m は R_mg とほぼ等しいと考え，このリアクトルのインダクタンス L を求めよ。だたし巻数 $n = 40$ ターンとする。

<問題 3.2> 図 3.8 において $L_{l1} = 1\,\mathrm{\mu H}$，$L_{l2} = 0.1\,\mathrm{\mu H}$ であった。$n_1 : n_2 = 3 : 1$ であるとき，図 3.10 の形に漏れインダクタンスを集約したときの L_l の値を求めよ。

<問題 3.3> 図 3.2 の変圧器を回路図に示すと図 3.13(b) と (c) どちらになるか答えよ。

4章 DC/DC コンバータの主要な回路方式

2章で学習した DC/DC コンバータの基礎,および3章で学習した変圧器とリアクトルの知識を用いて,本章では DC/DC コンバータの主要な回路方式の動作を検討する。どの回路方式も動作を理解する手順は次の3ステップによる。

① スイッチ素子のオン・オフに伴って生じる動作モードを検討する。
② 各動作モードの電流径路を検討する。
③ すべての回路部品の電圧・電流波形を検討する。

どの回路方式もスイッチ素子のオン・オフに応じて複数の動作モードを持ち,電流径路が変化する。電流径路を検討する際は,2章で学習したリアクトルの性質,および3章で学習した励磁電流の性質が極めて重要である。また,負荷電流と励磁電流を厳密に区別して,それぞれの径路を検討しなければならない。電流径路が正確に理解できれば,すべての回路素子の各動作モードの電圧と電流を導出でき,電圧・電流波形を理論的に描画できる。理論的に描画した波形(理論波形)は,いわば DC/DC コンバータの理解の原点であり,理論波形によって回路の設計と回路特性の導出が可能となる。

4.1 各種チョッパ回路

4.1.1 チョッパ回路の概要

変圧器を持たず,入出力が絶縁されていない非絶縁型の DC/DC コンバータはチョッパ回路と呼ばれる。2章で示した降圧チョッパ(図 2.5),昇圧チョッパ(図 2.8),昇降圧チョッパ(図 2.9)の3種類が最も基本的で,広く用いられているチョッパ回路である。これら3種類のチョッパ回路の機能をすべて兼ね備えている多機能チョッパがある。さらに,SEPIC(セピック:Single Ended Primary Inductor Converter)コンバータ,ZETA(ゼータ)コンバータ,

Cuk（チューク）コンバータの3種類は、それぞれユニークな特徴があり特定の用途に用いられる。チョッパ回路は他にも無数の回路方式が存在するが、これら7種類のチョッパ回路から派生したものが多い。本節ではこの7種類のチョッパ回路を説明する。

4.1.2 降圧チョッパ

降圧チョッパの回路構成と電流径路を図 4.1 に示す。降圧チョッパには、スイッチ素子 Q がオンのときと、オフのときの二つの動作モードが存在する。Q がオンのときは、実線の径路で電流が流れて電源 E から電力が供給される。Q がオフすると、リアクトル L が電流源として動作し、L の電流が点線の径路でダイオード D を通って環流する。D は環流ダイオードと呼ばれる。なお、R_L は負荷抵抗であるが、以降の回路図では煩雑さを避けて負荷の記載は省略する。

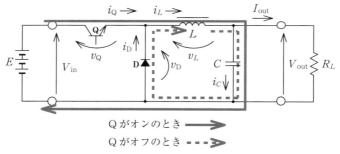

図 4.1 降圧チョッパの回路構成と電流径路

電流径路から、二つの動作モードそれぞれの場合における各素子の電圧と電流を次のように計算できる。

＜Q と D の電圧＞

図 4.1 からキルヒホッフの電圧則より、$v_D + v_Q = V_{in}$ である。
Q がオンのときは $v_Q = 0$ なので、$v_D = V_{in}$ である。
Q がオフのときは D が導通し $v_D = 0$ なので、$v_Q = V_{in}$ である。

トランジスタやダイオードがオンしているときは多少の順方向電圧降下が生じるが、基本動作を検討するときは無視して 0 V と考える。

＜L の電圧と電流＞

キルヒホッフの電圧則から、$V_{out} + v_L = v_D$ である。

Qがオンのときは $v_D = V_{in}$ から，$v_L = V_{in} - V_{out}$
Qがオフのときは　$v_D = 0$ から，$v_L = -V_{out}$
Qがオンのときの i_L の変化は　$\Delta i_L = \frac{1}{L}v_L T_{on} = \frac{1}{L}(V_{in} - V_{out})T\alpha$
Qがオフのときの i_L の変化は　$\Delta i_L = \frac{1}{L}v_L T_{off} = \frac{1}{L}(-V_{out})T(1-\alpha)$
なお，α は通流率で，$\alpha = \frac{T_{on}}{T}$ である。

キルヒホッフの電流則から

$$i_L \text{の平均値} = i_C \text{の平均値} + I_{out}$$

i_C の平均値は定常状態では0Aなので

$$i_L \text{の平均値} = I_{out}$$

定常状態ではコンデンサの電圧は一定なので放電電荷と充電電荷は等しい。ゆえに定常状態のコンデンサの平均電流は0Aである。

＜QとDの電流＞

電流径路から明かなように

Qオン時：　$i_Q = i_L$, $i_D = 0$ A
Qオフ時：　$i_D = i_L$, $i_Q = 0$ A

表4.1　降圧チョッパの電圧・電流

電圧・電流	Qがオンのとき	Qがオフのとき
v_Q	0	V_{in}
v_D	V_{in}	0
v_L	$V_{in} - V_{out}$	$-V_{out}$
Δi_L	$\frac{1}{L}(V_{in} - V_{out})T\alpha$	$\frac{1}{L}(-V_{out})T(1-\alpha)$
i_L の平均値	I_{out}	I_{out}
i_Q	i_L	0
i_D	0	i_L
i_C	$i_L - I_{out}$	$i_L - I_{out}$
V_{out}	$V_{in}\alpha$	$V_{in}\alpha$
I_{out}	V_{out}/R_L	V_{out}/R_L

＜Cの電流＞

キルヒホッフの電流則から $i_C = i_L - I_{out}$

＜出力電圧・電流＞

式 (2.3) より，$V_{out} = V_{in}\alpha$。なお，C は十分大きな容量のコンデンサを使用しており，V_{out} はリプル電圧のほとんどない直流電圧である。また，出力電流は，オームの法則から，$I_{out} = V_{out} \div R_L$ である。

以上をまとめると表 4.1 となる。この表の結果から，各部の電圧・電流波形を図 4.2 のように描くことができる。

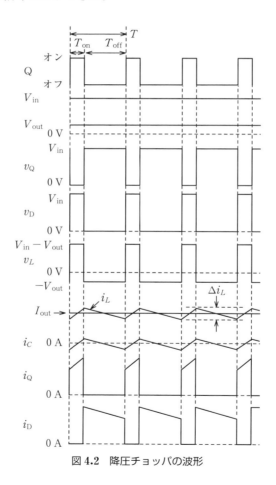

図 4.2　降圧チョッパの波形

4.1.3 昇圧チョッパ

昇圧チョッパの回路構成と電流径路を図 4.3 に示す。昇圧チョッパには降圧チョッパと同様に，スイッチ素子 Q がオンのときと，オフのときの二つの動作モードがある。Q がオンのときは実線の径路で電流が流れ，リアクトル L にエネルギーが蓄積される。Q がオフすると点線の径路で電流が流れ，負荷側に電力が供給される。このとき V_{out} は V_{in} より大きいので，電圧の低い方から高い方に電流が流れることになるが，これは 2.3.3 項で図 2.21 を用いて説明したとおり，リアクトル電流の連続性によるものである。

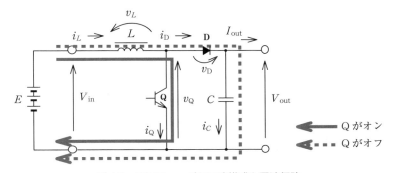

図 4.3　昇圧チョッパの回路構成と電流径路

電流径路から，二つの動作モードそれぞれの場合の各素子の電圧と電流を次のように計算できる。

＜Q と D と L の電圧＞

図 4.3 からキルヒホッフの電圧則より次式が成立する。

$$v_Q + v_L = V_{in} \qquad V_{out} - v_D = v_Q$$

Q と D の電圧は導通時は 0 V と考え，次の電圧が求められる。

$$\text{Q オン時：} \quad v_Q = 0\,\text{V} \qquad v_D = V_{out} \qquad v_L = V_{in}$$
$$\text{Q オフ時：} \quad v_D = 0\,\text{V} \qquad v_Q = V_{out} \qquad v_L = V_{in} - V_{out}$$

＜L の電流＞

上記の v_L の電圧から

$$\text{Q オン時の } i_L \text{ の変化：} \quad \Delta i_L = \frac{1}{L} v_L T_{on} = \frac{1}{L} V_{in} T\alpha$$

Q オフ時の i_L の変化： $\Delta i_L = \dfrac{1}{L} v_L T_{\text{off}}$
$= \dfrac{1}{L}(V_{\text{in}} - V_{\text{out}})T(1-\alpha)$

回路の損失は十分小さいと考えると，入力電力 = 出力電力から

i_L の平均値 $= V_{\text{out}} \times I_{\text{out}} \div V_{\text{in}}$

＜Q と D の電流＞

電流径路から明かなように

Q オン時： $i_Q = i_L$　　$i_D = 0\,\text{A}$

Q オフ時： $i_Q = 0\,\text{A}$　　$i_D = i_L$

＜C の電流＞

キルヒホッフの電流則から $i_C = i_D - I_{\text{out}}$

Q オン時： $i_C = -I_{\text{out}}$

Q オフ時： $i_C = i_L - I_{\text{out}}$

＜出力電圧・電流＞

出力電圧 V_{out} は 2.4.2 項で導出したとおり式 (2.17) で与えられる．出力電流 I_{out} は負荷抵抗を R_L とすると，オームの法則から，$I_{\text{out}} = V_{\text{out}} \div R_L$ である．

以上をまとめると**表 4.2** となる．この表の結果から，各部の電圧・電流波形を**図 4.4** のように描くことができる．

表 4.2　昇圧チョッパの電圧・電流

電圧・電流	Q がオンのとき	Q がオフのとき
v_Q	0	V_{out}
v_D	V_{out}	0
v_L	V_{in}	$V_{\text{in}} - V_{\text{out}}$
Δi_L	$\dfrac{1}{L} V_{\text{in}} T \alpha$	$\dfrac{1}{L}(V_{\text{in}} - V_{\text{out}})T(1-\alpha)$
i_L の平均値	$V_{\text{out}} \times I_{\text{out}} \div V_{\text{in}}$	$V_{\text{out}} \times I_{\text{out}} \div V_{\text{in}}$
i_Q	i_L	0
i_D	0	i_L
i_C	$-I_{\text{out}}$	$i_L - I_{\text{out}}$
V_{out}	$V_{\text{in}} \dfrac{1}{1-\alpha}$	$V_{\text{in}} \dfrac{1}{1-\alpha}$
I_{out}	V_{out}/R_L	V_{out}/R_L

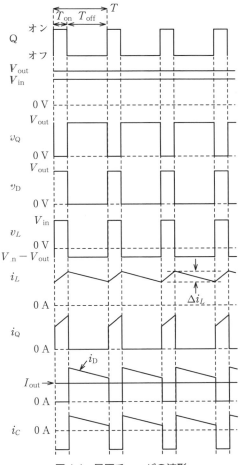

図 4.4　昇圧チョッパの波形

4.1.4　昇降圧チョッパ

　昇降圧チョッパの回路構成と電流径路を図 4.5 に示す。Q がオンのときは入力電圧 V_{in} が L に印加され，L にエネルギーが蓄積される。オフのときは L が電流源として動作し，点線の径路で負荷側に電力が供給される。オフ時の電流径路から明かなように，コンデンサ C は下がプラス，上がマイナスに充電され，出力電圧 V_{out} の極性は入力電圧 V_{in} の逆になる。電流径路から，降圧チョッパ・昇圧チョッパと同様の手順で，二つの動作モードそれぞれの場合における，各素

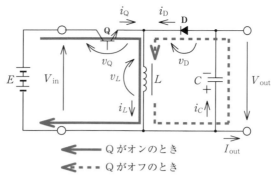

← Qがオンのとき
◁--- Qがオフのとき

図 4.5 昇降圧チョッパの回路構成と電流径路

子の電圧と電流が計算でき，それぞれの電圧・電流波形を描ける（章末問題 4.1 参照）。

4.1.5 多機能チョッパ[5]

多機能チョッパの回路構成と電流径路を**図 4.6** に示す。二つのスイッチ素子 Q_1 と Q_2 を有するので，いろいろな動作状態を実現できる。図 (a) では Q_2 を常時オフ状態とし，Q_1 をオン・オフさせている。電流径路から明かなように，図 4.1 の降圧チョッパと同じ動作をしている。図 (b) では Q_1 を常時オン状態とし，Q_2 をオン・オフさせている。電流径路から明かなように，図 4.3 の昇圧チョッパと同じ動作をしている。図 (c) では Q_1 と Q_2 を同時にオン・オフさせている。電流径路から明かなように，図 4.5 の昇降圧チョッパと同じ動作をしている。ただし，スイッチ素子が二つあるので，図 4.5 の昇降圧チョッパのような V_out の極性反転は発生しない。この動作に注目して，この回路方式は**非反転昇降圧チョッパ**とも呼ばれている。

この回路は，いろいろな動作状態を実現できるので，上記 3 種類のチョッパ回路以外にも多くの機能を実現できる。たとえば，**図 4.7** では三つの動作状態を使用して，昇圧チョッパと降圧チョッパのそれぞれの動作を混合した動作を実現している。この動作では昇圧も降圧も可能だが，図 4.6(c) の昇降圧動作のときよりもリアクトルを小型化できる[5]。

4.1 各種チョッパ回路　51

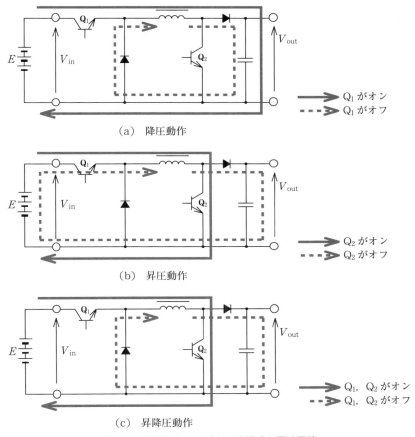

(a) 降圧動作

(b) 昇圧動作

(c) 昇降圧動作

図 4.6　多機能チョッパの回路構成と電流径路

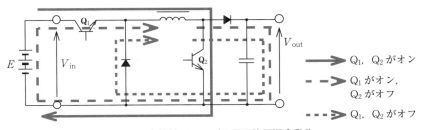

図 4.7　多機能チョッパの昇圧降圧混合動作

4.1.6 SEPIC コンバータ

SEPIC コンバータの回路構成と回路各部の記号を**図 4.8** に示す。電圧と電流は矢印の方向を正の方向と定義する。昇降圧チョッパ（図 4.5）と同様に，昇圧も降圧も可能なチョッパ回路である。昇降圧チョッパと比べて L と C が一つずつ多くなるが，次の二つの特長がある。

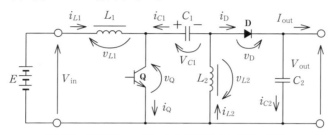

図 4.8　SEPIC コンバータの回路構成と各部の記号

（1）　出力電圧の極性が入力電圧と同じである。
（2）　入力電流のリプル成分が小さい。

これらの特長を生かして，太陽光発電システムや高力率コンバータなどに使用される。

図 4.9 にスイッチ素子 Q がオンのときとオフのとき，それぞれの電流径路を示す。オンのときは電源 E の電圧 V_{in} が L_1 に印加される。コンデンサ C_1 の電圧は L_2 に印加され，二つのリアクトルにエネルギーがそれぞれ蓄積される。Q がオフすると L_1 と L_2 に蓄積されていたエネルギーが出力側に伝達される。電流径路から，回路各部の電圧・電流が**表 4.3** のように得られる。表 4.3 から次のように SEPIC コンバータに成立する式が導出される。

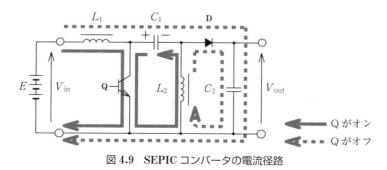

図 4.9　SEPIC コンバータの電流径路

表 4.3　Q がオンのときとオフのときの各部の電圧と電流

Q がオンのとき	Q がオフのとき
$v_{L1} = V_{in}$	$v_{L1} = V_{in} - V_{C1} - V_{out}$
$v_{L2} = V_{C1}$	$v_{L2} = -V_{out}$
$i_{C1} = i_{L2}$	$i_{C1} = -i_{L1}$
$\Delta i_{L1} = \dfrac{1}{L_1} V_{in} T\alpha$	$\Delta i_{L1} = \dfrac{1}{L_1}(V_{in} - V_{C1} - V_{out})(1-\alpha)T$
$\Delta i_{L2} = \dfrac{1}{L_2} V_{C1} T\alpha$	$\Delta i_{L2} = \dfrac{1}{L_2}(-V_{out})(1-\alpha)T$
$\Delta V_{C1} = -\dfrac{1}{C_1} i_{L2} T\alpha$	$\Delta V_{C1} = -\dfrac{1}{C_1}(-i_{L1})(1-\alpha)T$

T は Q の動作周期，α は Q の通流率である．

定常動作時はリアクトル電流の増加分と減少分は等しいので，次式が成立する．

$$(\text{Q がオンのときの }\Delta i_{L1}) + (\text{Q がオフのときの }\Delta i_{L1}) = 0$$

すなわち，$\dfrac{1}{L_1}V_{in}T\alpha + \dfrac{1}{L_1}(V_{in} - V_{C1} - V_{out})(1-\alpha)T = 0$

整理して，$V_{in} - V_{C1} - V_{out} + V_{C1}\alpha + V_{out}\alpha = 0$ \hfill (4.1)

同様に，次式が成立する．

$$(\text{Q がオンのときの }\Delta i_{L2}) + (\text{Q がオフのときの }\Delta i_{L2}) = 0$$

すなわち，$\dfrac{1}{L_2}V_{C1}T\alpha + \dfrac{1}{L_2}(-V_{out})(1-\alpha)T = 0$

整理して，$V_{C1} = V_{out}\dfrac{1-\alpha}{\alpha}$ \hfill (4.2)

式 (4.2) を式 (4.1) に代入し

$$V_{in} - V_{out}\dfrac{1-\alpha}{\alpha} - V_{out} + V_{out}\dfrac{1-\alpha}{\alpha}\alpha + V_{out}\alpha = 0$$

整理して，$V_{out} = V_{in}\dfrac{\alpha}{1-\alpha}$ \hfill (4.3)

式 (4.3) は問題 2.6 で導出した通常の昇降圧チョッパ（図 2.9）の出力電圧を与える式と同じである．式 (4.3) を式 (4.2) に代入し

$$V_{C1} = V_{in}\dfrac{\alpha}{1-\alpha}\dfrac{1-\alpha}{\alpha} \quad \text{よって，} V_{C1} = V_{in} \hfill (4.4)$$

式(4.4)を表4.3のv_{L1}とv_{L2}の式に代入すると次のことがわかる。

Qがオン時　$v_{L1} = v_{L2} = V_{\text{in}}$

Qがオフ時　$v_{L1} = v_{L2} = -V_{\text{out}}$

表 4.4　SEPIC コンバータに成立する重要な式

出力電圧を与える式	$V_{\text{out}} = V_{\text{in}} \dfrac{\alpha}{1-\alpha}$
C_1 の電圧を与える式	$V_{C1} = V_{\text{in}}$
L_1 電圧 v_{L1} と L_2 電圧 v_{L2} の関係	$v_{L1} = v_{L2}$
L_2 電流 i_{L2} を与える式	$i_{L2} = i_{L1} \dfrac{1-\alpha}{\alpha}$

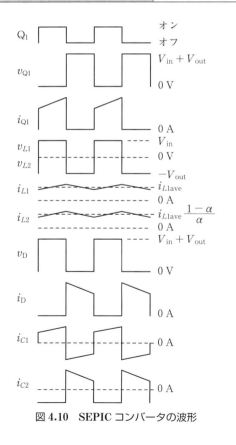

図 4.10　SEPIC コンバータの波形

したがって，通常の動作時は L_1 の電圧と L_2 の電圧は常に等しい。このことは L_1 と L_2 は同一の鉄心に密結合状態で巻けることを意味している。

定常動作時はコンデンサ電圧の増加分と減少分は等しいので次式が成立する。

$$(\text{Q がオンのときの } \Delta v_{C1}) + (\text{Q がオフのときの } \Delta v_{C1}) = 0$$

すなわち，$\dfrac{1}{C_1} i_{L2} T \alpha + \dfrac{1}{C_1}(-i_{l1})(1-\alpha)T = 0$

整理して，$i_{L2} = i_{L1} \dfrac{1-\alpha}{\alpha}$ \hfill (4.5)

したがって，i_{L2} は降圧時は大きく，昇圧時は小さい。

これまで導出した重要な式をまとめて**表 4.4** に示す。表 4.3 と表 4.4 に従って，回路各部の電圧・電流波形を**図 4.10** のように描ける。

4.1.7　ZETA コンバータ

ZETA コンバータの回路構成と電流径路を**図 4.11** に示す。SEPIC コンバータと同様に，昇圧も降圧も可能で，出力電圧は入力電圧と同じ極性である。SEPIC コンバータとは逆に，リアクトルが出力側に配置されているので，出力のリプル成分は小さいが，入力のリプル成分は大きい。SEPIC コンバータと同様に，スイッチ素子 Q がオンのときに L_1 と L_2 にエネルギーが蓄積され，オフのときにエネルギーが放出される。ZETA コンバータに成立する式と波形は章末問題 4.2 に示す。

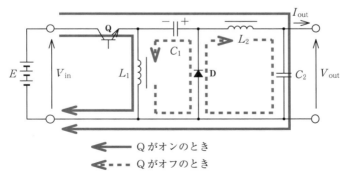

図 4.11　ZETA コンバータの回路構成と電流径路

4.1.8　Cuk コンバータ

Cuk コンバータの回路構成と電流径路を図 **4.12** に示す。昇降圧チョッパと同様に，昇圧も降圧も可能で出力電圧の極性は入力電圧から反転する。入力に L_1，出力に L_2 と双方にリアクトルが配置されているので，入出力ともにリプル成分が小さいという特長がある。SEPIC コンバータや ZETA コンバータと同様にスイッチ素子 Q がオンのときに L_1 と L_2 にエネルギーが蓄積され，オフのときにエネルギーが放出される。Cuk コンバータに成立する式と波形は章末問題 4.3 に示す。

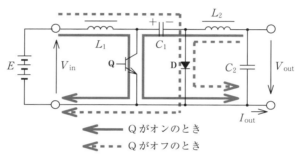

図 **4.12**　Cuk コンバータの回路構成と電流径路

4.1.9　主なチョッパ回路のまとめ

主なチョッパ回路の主要な特性を表 **4.5** に示す。回路方式に応じて長所短所があり，用途に応じて使い分けられる。たとえば，昇降圧型は通流率 α の制御により，V_{out}/V_{in} を 0 から無限大まで制御できるが，スイッチ素子 Q やダイオード D の印加電圧が大きい。したがって，昇圧は不要で降圧のみ必要な場合は降圧チョッパが用いられ，逆に，昇圧のみ必要な場合は昇圧チョッパが用いられる。昇圧・降圧ともに必要な場合は昇降圧チョッパ，SEPIC コンバータ，ZETA コンバータ，Cuk コンバータの 4 種類が候補となるが，通常は回路構成が最も簡単な昇降圧チョッパが選択される。しかし，極性反転が不可の場合は SEPIC コンバータか ZETA コンバータが選択される。両者はリプル電流の特性が逆であり，たとえば電源が太陽電池なら入力電流のリプルが小さい SEPIC が用いられ，負荷が発光ダイオードなら出力電流のリプルが小さい ZETA コンバータが用いら

表 4.5　主なチョッパ回路の主要特性一覧表

	電圧比 V_{out}/V_{in}	リプル電流 入力	リプル電流 出力	印加電圧 Q	印加電圧 D
降圧	α	大	小	V_{in}	V_{in}
昇圧	$\dfrac{1}{1-\alpha}$	小	大	V_{out}	V_{out}
昇降圧	$\dfrac{\alpha}{1-\alpha}$	大	大	$V_{in}+V_{out}$	$V_{in}+V_{out}$
SEPIC	$\dfrac{\alpha}{1-\alpha}$	小	大	$V_{in}+V_{out}$	$V_{in}+V_{out}$
ZETA	$\dfrac{\alpha}{1-\alpha}$	大	小	$V_{in}+V_{out}$	$V_{in}+V_{out}$
Cuk	$\dfrac{\alpha}{1-\alpha}$	小	小	$V_{in}+V_{out}$	$V_{in}+V_{out}$

注：昇降圧とCukのV_{out}はV_{in}と逆極性

れる．入力，出力ともにリプル電流を抑制したい場合はCukコンバータが選択される．多機能チョッパは，その多様な機能を生かすことのできる特殊な用途に使用される．

4.2　フォワード方式DC/DCコンバータ

4.2.1　1石フォワード方式DC/DCコンバータ

絶縁型DC/DCコンバータは，チョッパ回路に変圧器を挿入した回路と考えられる．1石フォワード方式DC/DCコンバータは，降圧チョッパに変圧器を挿入した電圧型DC/DCコンバータの1種であることを2.2節で説明した．また，1石フォワード方式DC/DCコンバータの動作モードと電流径路および主要な電圧・電流波形は，3.3.1項で説明した．本項では，1石フォワード方式DC/DCコンバータにおける変圧器のリセットと出力電圧について説明する．

(1)　変圧器のリセット

2.5.2項で，図2.27のように降圧チョッパに単に変圧器を挿入しただけでは変圧器が正常に動作しないことを説明した．そこで，図3.16に示したように，ダイオードD_1，巻線n_3から成る補助回路が必要である．この回路を変圧器のリセット回路という．リセットとは変圧器の励磁電流を元の値に戻す動作である．た

とえば，図 3.18 ではモード 1 で励磁電流 i_m が増加しているが，モード 2 と 3 で減少して元の値まで戻っている。

図 4.13 に，変圧器のリセットが正常に行われたときと，不足しているときの波形を示す。図 (a) は図 3.18 と同じ波形であり，励磁電流の増加と減少が釣り合っている。図 (b) はスイッチ素子 Q のオフ時間が短いときの波形である。モード 2 の途中で Q がオンしているので，励磁電流が元の値に戻る前にモード 2 が中断してしまい，いきなりモード 1 が出現している。このようにリセットが不足しているときは，励磁電流が 1 サイクルごとに際限なく増加し，やがて回路の破損を招く。図 3.16 の回路で $n_1 = n_3$ の場合は，Q の通流率 $\alpha < 0.5$ がリセット実現の条件となる。

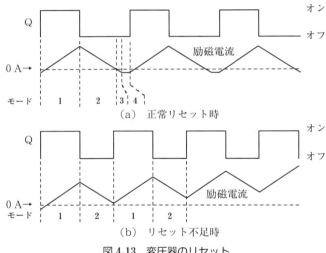

図 4.13　変圧器のリセット

(2) 出力電圧計算式の導出

図 3.18 に示したように，平滑リアクトル L_d の電流 i_{Ld} はモード 1 で増加し，モード 2,3,4 で減少するが，定常状態では増加と減少が均衡している。モード 1 での増加量 Δi_{Ld1} は次の式で与えられる。

$$\Delta i_{Ld1} = \frac{1}{L_d} v_{Ld} T_{on} = \frac{1}{L_d} \left(\frac{n_2}{n_1} V_{in} - V_{out} \right) T\alpha$$

図 3.16 に示したように，v_{Ld} は平滑リアクトル L_d の電圧であり，モード 1 では入力電圧 V_{in} に変圧比 $\frac{n_2}{n_1}$ を乗じた値から出力電圧を減じた値となる。T_{on} はス

イッチ素子 Q のオン時間であり，スイッチ素子の通流率を α とすると $T\alpha$ に等しい．モード 2,3,4 での減少量 Δi_{Ld3} は次式で与えられる．

$$\Delta i_{Ld3} = \frac{1}{L_d} v_{Ld} T_{\text{off}} = \frac{1}{L_d}(-V_{\text{out}})T(1-\alpha)$$

モード 2,3,4 では v_{Ld} は $-V_{\text{out}}$ であり，モード 2,3,4 の継続時間はスイッチ素子 Q のオフ時間に等しく，$T(1-\alpha)$ で与えられる．i_{Ld} の増加と減少は均衡しているので $\Delta i_{Ld1} + \Delta i_{Ld3} = 0$ より

$$\frac{1}{L_d}\left(\frac{n_2}{n_1}V_{\text{in}} - V_{\text{out}}\right)T\alpha + \frac{1}{L_d}(-V_{\text{out}})T(1-\alpha) = 0$$

整理すると $V_{\text{out}} = \frac{n_2}{n_1}V_{\text{in}}\alpha$ となり，1 石フォワード方式の出力電圧の式 (2.6) が導出される．

4.2.2 2石フォワード方式 DC/DC コンバータ[6]

2 石フォワード方式は 1 石フォワード方式と同じ原理で動作する．出力電圧の計算式も 1 石フォワード方式と等しく，式 (2.6) で与えられる．**図 4.14** に四つの動作モードと電流径路を示す．3.3.1 項で説明した 1 石フォワード方式の四つの動作モードとよく似ている．二つのスイッチ素子 Q_1 と Q_2 は同時にオン・オフする．1 石フォワード方式の主要波形を図 3.18 に示しているが，2 石フォワード方式ではスイッチ素子の印加電圧の大きさだけが異なり，その他は図 3.18 と同じである．フォワード方式のスイッチ素子の電圧波形を**図 4.15** に示す．1 石フォワード方式ではピーク電圧が $2V_{\text{in}}$ であるが，2 石フォワード方式では V_{in} となる．したがって，入力電圧が高い場合は 2 石フォワード方式が有利である．

以下に各動作モードの概要を説明する．

<モード 1>　Q_1 と Q_2 がオンしており，n_1 巻線には入力電圧 V_{in} が印加されている．このため，励磁電流 i_m は次式に従って増加する．T_{on} は Q_1 と Q_2 のオン時間であり，モード 1 の継続時間に等しい．

$$\Delta i_m = \frac{1}{L_m}V_{\text{in}}T_{\text{on}} \tag{4.6}$$

2 次巻線 n_2 には $V_{\text{in}}\frac{n_2}{n_1}$ の電圧が生じ，ダイオード D_2 が導通するので，2 次側に電力が供給される．Q_1 と Q_2 がターンオフすると，モード 2 へ移行する．

<モード 2>　Q_1 と Q_2 はオフ状態であるが，励磁電流は流れ続けねばならな

60　4章　DC/DCコンバータの主要な回路方式

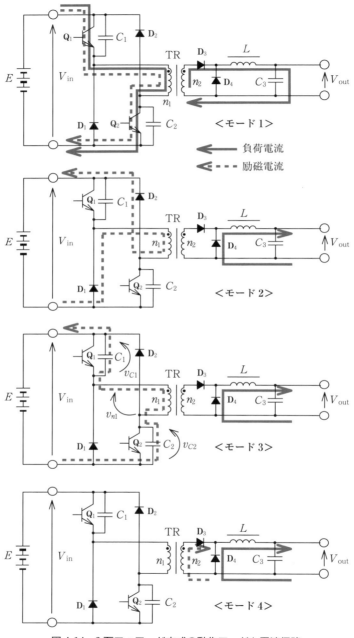

図4.14　2石フォワード方式の動作モードと電流径路

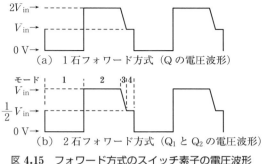

図 4.15 フォワード方式のスイッチ素子の電圧波形

い。そこで，D_1 と D_2 が導通して励磁電流は電源 E に回生される。平滑リアクトル L の電流は D_4 を通って環流する。n_1 巻線には入力電圧 V_{in} が逆方向に印加されるので励磁電流は減少し，やがて 0 A となり，モード 3 へ移行する。

＜モード 3＞　モード 2 で C_1 と C_2 はともに V_{in} に充電されている。したがって，モード 3 が始まると C_1 と C_2 が直列となって $2V_{in}$ の電源となり，n_1 巻線には V_{in} が負方向に印加され，次式が成立する。

$$v_{n1} = V_{in} - (v_{C1} + v_{C2}) \tag{4.7}$$

励磁電流は図のように負方向（下から上）に流れ，徐々に増加する。C_1 と C_2 が $V_{in}/2$ まで放電すると，C_1 と C_2 の合成電圧は V_{in} となり n_1 巻線電圧は 0 V となる。C_1 と C_2 がさらに放電すると n_1 と n_2 の巻線電圧は正となり，D_3 が順バイアスされて導通し，励磁電流は n_1 巻線から n_2 巻線に転流し，モード 4 へ移行する。

＜モード 4＞　励磁電流は n_2 巻線を流れている。C_1 と C_2 の放電はモード 3 で完了しているので，図 4.15(b) に示したようにモード 4 では，Q_1 と Q_2 の電圧は一定である。この状態で Q_1 と Q_2 がターンオンしてモード 1 へ移行する。C_1 と C_2 はそれぞれ Q_1 と Q_2 の寄生容量であるが，Q_1 と Q_2 に CR スナバを接続している場合には，そのコンデンサ容量との和である。

4.3　ブリッジ方式 DC/DC コンバータ

2.2 節で説明したように，ブリッジ方式 DC/DC コンバータには主要な回路方

式としてフルブリッジ方式，ハーフブリッジ方式，プッシュプル方式の3種類がある．本節では，これらのブリッジ方式の動作原理を詳しく説明する．

1石フォワード方式DC/DCコンバータは4.2.1項で説明したように，降圧チョッパに変圧器を挿入し，変圧器を正常に動作させるためにリセット回路を付加した回路方式である．フォワード方式DC/DCコンバータは「降圧チョッパ＋変圧器＋リセット回路」と考えられる．一方，2.5.2項で説明したように，フルブリッジ方式DC/DCコンバータは降圧チョッパのスイッチ素子を「インバータ＋整流回路」に置き換え，さらにインバータと整流回路の間に変圧器を挿入した回路方式である．ブリッジ方式DC/DCコンバータは「降圧チョッパ＋インバータ＋変圧器＋整流回路」と考えられる．

ブリッジ方式DC/DCコンバータは，フォワード方式と同様に降圧チョッパから派生した回路なので，ともに降圧チョッパの特性を引き継いでおり，共通の特性が多い．しかし，変圧器の挿入方法に違いがあるので相違する特性もある．たとえば，ブリッジ方式はインバータで変圧器を正負両方向に励磁しているのでリセット回路は不要であるが，一方，正負の電圧または励磁時間にアンバランスがあると変圧器の偏磁という問題が発生する．

4.3.1　フルブリッジ方式DC/DCコンバータ

(1)　フルブリッジ方式の基本動作

図2.12で示した**フルブリッジ方式**DC/DCコンバータの回路構成は，2次側整流回路に全波整流を使っているが，**両波整流（センタタップ整流）**もよく使われる．両波整流を用いたフルブリッジ方式の回路構成と各部の記号を**図4.16**に

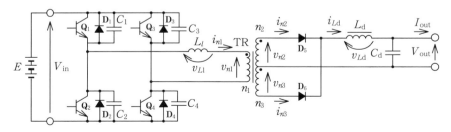

（L_lは漏れインダクタンス，C_1〜C_4はQ_1〜Q_4の寄生容量またはスナバコンデンサ）
図4.16　フルブリッジ方式の回路構成と各部の記号

示す。電圧と電流は矢印の方向を正の方向と定義する。動作モードと主要波形を図 **4.17** に示す。Q_1 と Q_4 が同時オンをモード 1，Q_2 と Q_3 が同時オンをモード 3 とする。モード 2 と 4 は Q_1〜Q_4 がすべてオフである。モード 1〜モード 4 のそれぞれの継続時間を T_1, T_2, T_3, T_4 とする。1 周期を T，スイッチ素子のオン時間を T_{on} とすると次式が成立する。

$$T = T_1 + T_2 + T_3 + T_4 \tag{4.8}$$

$$T_1 = T_3 = T_{\text{on}} = T\alpha \tag{4.9}$$

$$T_2 = T_4 = \frac{T}{2} - T_{\text{on}} = \frac{T}{2} - T\alpha = T(0.5 - \alpha) \tag{4.10}$$

ただし，α はスイッチ素子の通流率であり，$\alpha = \dfrac{T_{\text{on}}}{T}$ である。

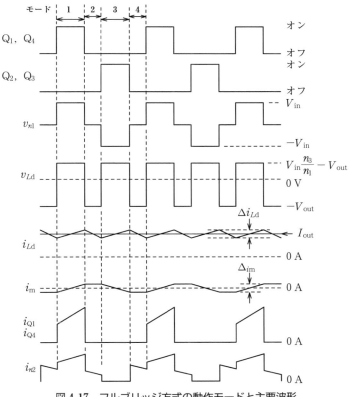

図 4.17 フルブリッジ方式の動作モードと主要波形

図 4.18 に各動作モードの電流径路を示す。各動作モードの概要は次のとおりである。

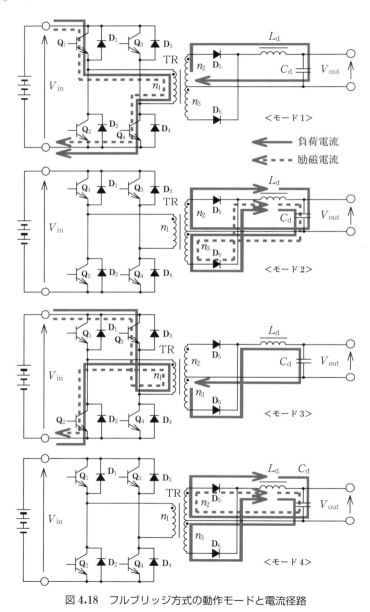

図 4.18　フルブリッジ方式の動作モードと電流径路

<モード1：Q_1 と Q_4 がオン> Q_1 と Q_4 がオンしているので，入力電圧 V_{in} が変圧器の1次巻線 n_1 に印加される．したがって，次式が成立する．

n_1 巻線電圧： $\quad v_{n1} = V_{in}$ \hfill (4.11)

n_2 巻線電圧： $\quad v_{n2} = v_{n1}\dfrac{n_2}{n_1} = V_{in}\dfrac{n_2}{n_1}$ \hfill (4.12)

L_d 印加電圧： $\quad v_{Ld} = v_{n2} - V_{out} = V_{in}\dfrac{n_2}{n_1} - V_{out}$ \hfill (4.13)

i_{Ld} の変化量： $\quad \Delta i_{Ld} = \dfrac{1}{L_d}v_{Ld}T_1 = \dfrac{1}{L_d}\left(V_{in}\dfrac{n_2}{n_1} - V_{out}\right)T\alpha$ \hfill (4.14)

励磁電流の増加量： $\quad \Delta i_m = \dfrac{1}{L_m}v_{n1}T_1 = \dfrac{1}{L_m}V_{in}T\alpha$ \hfill (4.15)

なお，L_m は変圧器 TR の励磁インダクタンスである．
1次側には「電源 → Q_1 → n_1 → Q_4 → 電源」の径路で負荷電流が流れる．それに対応して2次側には「n_2 → D_5 → L_d → 負荷 → n_2」の径路で負荷電流が流れる．励磁電流は1次側を負荷電流と同じ径路で流れる．

<モード2：$Q_1 \sim Q_4$ すべてがオフ> $Q_1 \sim Q_4$ がすべてオフなので，変圧器には電圧が印加されず1次側には電流が流れない．$Q_1 \sim Q_4$ のオン・オフとは無関係にリアクトル L_d の電流は流れ続けるので，次の二つの径路で流れる．

「L_d → C_d → n_2 → D_5 → L_d」および「L_d → C_d → n_3 → D_6 → L_d」
D_5 と D_6 の双方が導通するので変圧器の電圧は 0 である．二つの径路の電流は同じ値であり，変圧器の二つの巻線を互いに逆方向に流れるので，この電流は変圧器に磁束を作らない．次式が成立する．

$v_{n1} = v_{n2} = v_{n3} = 0$ \hfill (4.16)

$v_{Ld} = v_{n2} - V_{out} = 0 - V_{out} = -V_{out}$ \hfill (4.17)

i_{Ld} の変化量は $\quad \Delta i_{Ld} = \dfrac{1}{L_d}v_{Ld}T_2 = \dfrac{1}{L_d}(-V_{out})T(0.5 - \alpha)$ \hfill (4.18)

モード2では $Q_1 \sim Q_4$ がすべてオフしているので，励磁電流は1次側を流れることができず，2次側に転流し，n_3 巻線を流れる．したがって，励磁電流を考慮すれば，モード2では n_2 巻線電流より n_3 巻線電流のほうが大となる．励磁電流

の大きさは等アンペアターンの法則に従い，$I_{m2} = I_{m1}\dfrac{n_1}{n_3}$ である．なお，I_{m1} はモード 1 終了直前に n_1 巻線に流れていた励磁電流で，I_{m2} は，モード 2 の 2 次側を流れる励磁電流である．n_3 巻線電圧は 0 なので，モード 2 の期間中励磁電流の大きさは変化しない．次式が成立する．

$$i_{n2} = \frac{1}{2}(i_{Ld} - I_{m2}) \tag{4.19}$$

$$i_{n3} = \frac{1}{2}(i_{Ld} + I_{m2}) \tag{4.20}$$

＜モード 3：Q_2 と Q_3 がオン＞　　Q_2 と Q_3 がオンしているので，入力電圧 V_{in} が変圧器の 1 次巻線 n_1 に負方向に印加される．よって，次式が成立する．

$$v_{n1} = -V_{in} \tag{4.21}$$

n_2 と n_3 は同じ巻数なので

$$v_{n3} = v_{n2} = v_{n1}\frac{n_2}{n_1} = -V_{in}\frac{n_2}{n_1} \tag{4.22}$$

v_{Ld} と Δi_{Ld} はモード 1 と同じく，それぞれ式 (4.13) と式 (4.14) である．

$$\text{励磁電流の変化量は}\quad \Delta i_m = -\frac{1}{L_d}v_{n1}T_3 = -\frac{1}{L_d}V_{in}T\alpha \tag{4.23}$$

1 次側には「電源 → Q_3 → n_1 → Q_2 → 電源」の径路で負荷電流が流れる．それに対応して，2 次側には「n_3 → D_6 → L_d → 負荷 → n_3」の径路で負荷電流が流れる．励磁電流は 1 次側を負荷電流と同じ径路で流れる．ただし，励磁電流は式 (4.23) のように減少するので，前半は正，後半は負となる．

＜モード 4：$Q_1 \sim Q_4$ すべてオフ＞　　モード 2 と同じ動作を行う．式 (4.16)，式 (4.17)，式 (4.18) はそのまま成立する．ただし，励磁電流は方向が逆であり，n_2 巻線と D_5 を流れる．次式が成立する．

$$i_{n2} = \frac{1}{2}(i_{Ld} + I_{m2}) \tag{4.24}$$

$$i_{n3} = \frac{1}{2}(i_{Ld} - I_{m2}) \tag{4.25}$$

上記のように，励磁電流 i_m は動作モードに応じていろいろな巻線に転流するが，図 4.17 ではそれぞれの場合の 1 次側換算値を一つの波形として描画している．4 章と 5 章の他の回路方式でも，同様の方法で励磁電流波形を描画している．

2 次側整流回路に全波整流を用いた場合の電流径路を**図 4.19** に示す．おおむ

4.3 ブリッジ方式 DC/DC コンバータ

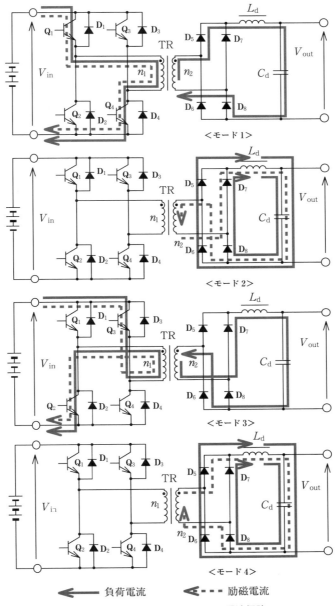

図 4.19 全波整流回路のときの電流径路

ね図 4.18 の両波整流の場合と同じであるが，モード 2 とモード 4 の動作がやや異なる．両波整流では負荷電流が 1/2 ずつ n_2 巻線と n_3 巻線に分流したが，全波整流では負荷電流は変圧器の巻線には流れず，「$D_6 \to D_5$」および「$D_8 \to D_7$」の二つの径路で整流ダイオードを流れる．

(2) 出力電圧の導出

平滑リアクトル L_d の電流 i_{Ld} はモード 1 と 3 で増加し，モード 2 と 4 で減少する．モード 1 と 3 での i_{Ld} の変化は式 (4.14)，モード 2 と 4 での i_{Ld} の変化は式 (4.18) で，それぞれ与えられる．定常状態では両者の和は 0 なので

$$\frac{1}{L_d}\left(V_{in}\frac{n_2}{n_1} - V_{out}\right)T\alpha + \frac{1}{L_d}(-V_{out})T(0.5-\alpha) = 0 \quad (4.26)$$

整理して，$\left(V_{in}\dfrac{n_2}{n_1} - V_{out}\right)\alpha + (-V_{out})(0.5-\alpha) = 0$

$$\therefore V_{out} = 2\frac{n_2}{n_1}V_{in}\alpha \quad (4.27)$$

(3) 漏れインダクタンスの影響

一般に，絶縁型 DC/DC コンバータでは，変圧器の漏れインダクタンスが回路の動作に無視できない影響を与える．前記のようにフルブリッジ方式 DC/DC コンバータには四つの動作モードがあるが，変圧器の漏れインダクタンスのために，さらに四つの動作モードが派生する．派生した動作モードであるモード 1′，モード 2′，モード 3′，モード 4′ の電流径路を図 4.20 に示す．モード 1′，モード 2′，モード 3′，モード 4′ は，それぞれモード 1，モード 2，モード 3，モード 4 の次に現れるので，1 周期の動作は「モード 1 → 1′ → 2 → 2′ → 3 → 3′ → 4 → 4′」の順序となる．各動作モードの概要は次のとおりである．

＜モード 1 → 1′＞ 図 4.18 に示したように，モード 1 では n_1 巻線と n_2 巻線に負荷電流が流れている．したがって，負荷電流により漏れ磁束が発生し，漏れインダクタンスにエネルギーが蓄積されている．図 4.18 では漏れインダクタンスは無視しており記していないが，図 4.20 では漏れインダクタンス L_l を n_1 巻線と直列に記している．Q_1 と Q_4 がターンオフすると，1 次側の電流は遮断されようとするが，L_l の電流は流れ続ける．そこで D_2 と D_3 が導通して図 4.20 のモード 1′ に示すように「$L_l \to n_1 \to D_3 \to E \to D_2 \to L_l$」の径路で電流が流れ，$L_l$ に蓄積されたエネルギーは電源 E に回生される．この間 L_l には V_{in} が逆方向に印加され，この電流は急速に減少する．L_l の電流が 0 A となってモー

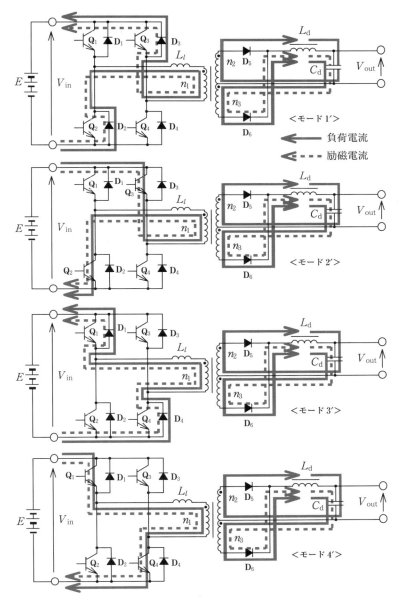

図 4.20 漏れインダクタンスの影響で派生した動作モードと電流径路

ド 2 に移行する．

2 次側の負荷電流はモード 1 では n_2 巻線のみに流れていたが，モード 1' では

徐々に n_3 巻線に分流し，L_l 電流が流れ終わってモード 2 に移行すると，n_2 巻線電流と n_3 巻線電流は等しくなる．モード 1' では次式が成立する．なお，励磁電流は負荷電流に比べて十分小さいので，以下の式では励磁電流は無視している．

$$L_l \text{ 印加電圧：} \quad v_{Ll} = V_{\text{in}} \tag{4.28}$$

$$n_1 \text{ 巻線電流 } i_{n1} \text{ の減少量：} \quad \Delta i_{n1} = \frac{1}{L_l} V_{\text{in}} T_1' = \frac{n_2}{n_1} i_{Ld} \tag{4.29}$$

T_1' はモード 1' の継続時間である．$\frac{n_2}{n_1} i_{Ld}$ は L_d 電流の 1 次側換算値であり，モード 1 終了時点の n_1 電流である．この式からモード 1' の継続時間 T_1' が計算できる．通常の DC/DC コンバータでは L_l は数 μH 以下の小さな値なので，モード 1' の継続時間はモード 1 の継続時間より十分短い時間となる．

$$n_2 \text{ 巻線電流 } i_{n2} \text{ の減少量：} \quad \Delta i_{n2} = \frac{1}{2} \Delta i_{n1} \frac{n_1}{n_2} = \frac{1}{2} i_{Ld} \tag{4.30}$$

なお，n_3 巻線電流 i_{n3} の増加量は i_{n2} の減少量に等しい．

＜モード 2 → 2'＞　図 4.18 に示したように，モード 2 では励磁電流を無視すれば L_d 電流が 1/2 ずつ n_2 巻線と n_3 巻線に流れている．この状態で Q_2 と Q_3 がターンオンすると，Q_2 と Q_3 に電流が流れてモード 3 に移行するのであるが，漏れインダクタンスのために Q_2 と Q_3 の電流は瞬時に増加することはできない．そこで過渡的にモード 2' が生じる．

電流径路を図 4.20 に示したように，モード 2' では n_1 巻線電流が徐々に増加し，それに伴い n_2 巻線電流が徐々に減少し，n_3 巻線電流は徐々に増加する．n_2 巻線電流が 0 となってモード 3 に移行し，次式が成立する．

$$L_l \text{ 印加電圧：} \quad v_{Ll} = -V_{\text{in}} \tag{4.31}$$

$$n_1 \text{ 巻線電流 } i_{n1} \text{ の変化量：} \quad \Delta i_{n1} = \frac{1}{L_l}(-V_{\text{in}}) T_2' = -\frac{n_2}{n_1} i_{Ld} \tag{4.32}$$

T_2' はモード 2' の継続時間である．$-\frac{n_2}{n_1} i_{Ld}$ はモード 3 の n_1 電流であり，この式からモード 2' の継続時間が計算できる．通常，モード 2' の継続時間はモード 2 の継続時間より十分短い時間となる．

$$n_2 \text{ 巻線電流 } i_{n2} \text{ の減少量：} \quad \Delta i_{n2} = \frac{1}{2}|\Delta i_{n1}|\frac{n_1}{n_2} = \frac{1}{2} i_{Ld} \tag{4.33}$$

なお，n_3 巻線電流 i_{n3} の増加量は i_{n2} の減少量に等しい．

＜モード $3 \to 3'$＞　モード $1 \to 1'$ では Q_1 と Q_4 がターンオフしたが，モード $3 \to 3'$ では Q_2 と Q_3 がターンオフする．したがって，Q_1 と Q_4 をそれぞれ Q_2 と Q_3 に読み替えれば，上記モード $1 \to 1'$ の説明と同じ説明が成立する．ただし，n_1 巻線の電流の方向は逆である．

＜モード $4 \to 4'$＞　モード $2 \to 2'$ では Q_2 と Q_3 がターンオンしたが，モード $4 \to 4'$ では Q_1 と Q_4 がターンオンする．したがって Q_1 と Q_4 をそれぞれ Q_2 と Q_3 に読み替えれば，上記モード $2 \to 2'$ の説明と同様の説明が成立する．ただし，n_1 巻線の電流の方向は逆である．

(4)　ラインインダクタンスによるサージ電圧の発生[7]

フルブリッジ方式 DC/DC コンバータでは，スイッチ素子のターンオフ時にサージ電圧が発生する．その発生原理を図 4.21 に示す．$C_1 \sim C_4$ は $Q_1 \sim Q_4$ の寄生容量である．サージ電圧の検討には $C_1 \sim C_4$ の存在を無視できない．図 4.21 のモード 1 は図 4.18 のモード 1 と同じものである．ただし，この現象には励磁電流はほとんど影響しないので，図 4.21 では励磁電流を無視している．また，この現象は 1 次側だけの現象なので，図では 2 次側を省略している．モード 1 から Q_1 と Q_4 がターンオフしてモード $1'$ に移行する過程において，過渡的にモード A とモード B が現れる．スイッチ素子のサージ電圧はモード B で発生する．モード A とモード B の概要は次のとおりである．

＜モード A＞　Q_1 と Q_4 のターンオフ後，漏れインダクタンス L_l のエネルギーにより，$C_1 \sim C_4$ の充放電が行われる．太実線の径路で C_4 が充電され C_2 は放電する．太点線の径路で C_3 が放電し C_1 が充電される．C_2 と C_3 の放電が完了して初めて，D_2 と D_3 が導通してモード $1'$ に移行する．C_1 と C_4 は電源電圧 V_{in} まで充電される．

＜モード B＞　電源 E の内部インピーダンス，および E から $Q_1 \sim Q_4$ の配線のインダクタンス成分が無視できないときは，これらのインダクタンス成分のため，モード A からモード $1'$ へのスムーズな移行が妨げられて，両者の間にモード B が生じる．図 4.21 では，これらのインダクタンス成分をまとめて L_{line} として図示している．モード $1'$ では，電源 E には L_l の電流が回生されるが，L_{line} の電流は瞬時に増加することはできない．しかしながら L_l の電流は同じ値で流れ続ける．したがって，その差分は別の径路で流れることになる．図 4.21 のモード B にその径路を示す．次の二つの径路がある．

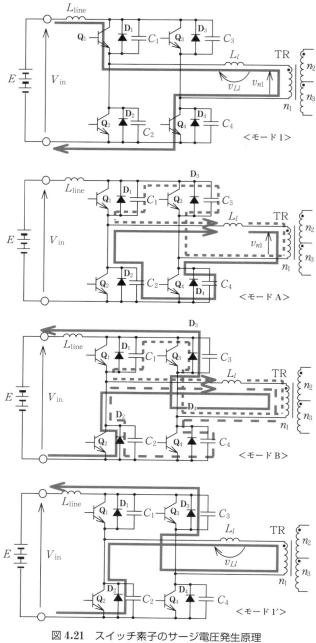

図 4.21　スイッチ素子のサージ電圧発生原理

太点線の径路：$L_l \to n_1 \to D_3 \to C_1 \to L_l$

太破線の径路：$L_l \to n_1 \to C_4 \to D_2 \to L_l$

太点線の径路で C_1 が充電され，太破線の径路で C_4 が充電される．C_1 と C_4 はモード A ですでに V_{in} まで充電されているが，モード B でさらに高い電圧に充電される．この高い電圧がすなわち Q_1 と Q_4 に発生するサージ電圧である．

以上，モード 1 終了時の現象を説明したが，モード 3 終了時には，同じ原理で Q_2 と Q_3 にサージ電圧が発生する．よく使用されるサージ電圧抑制方法を図 **4.22** に示す．$Q_1 \sim Q_4$ の直近にコンデンサ C_{in} を設けている．L_l の電流をいったん C_{in} に蓄積することにより L_{line} の悪影響を抑制している．また，サージ電圧は漏れインダクタンス L_l のエネルギーで寄生容量 $C_1 \sim C_4$ が充電されて生じるので，$C_1 \sim C_4$ の容量が大きいとサージ電圧は減少する．したがって，$C_1 \sim C_4$ と並列にコンデンサを接続することもサージ電圧対策としてよく用いられる．ただし，通常はサージ電圧発生後の振動を抑制するために CR 直列回路（CR スナバ）を接続する．

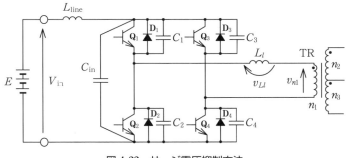

図 **4.22** サージ電圧抑制方法

(5) 偏磁の発生原理

変圧器は 1 サイクルの間に正方向と負方向に同じ大きさで励磁しなければならないが，どちらか 1 方向に励磁が片寄ることは**偏磁**と呼ばれる．フルブリッジ方式 DC/DC コンバータは偏磁が発生しやすいという特性があり，最悪の場合，回路の破損を招くこともあるので対策が必要である．図 4.17 に示したフルブリッジ方式の各部の波形は，偏磁が発生していない正常動作時のものである．励磁電流 i_{m} はモード 1 で増加し，変化量 Δi_{m}^+ は式 (4.15) から次式で与えられる．V^+

はモード1での n_1 巻線電圧 v_{n1}, T_1 はモード1の継続時間である。

$$\Delta i_m^+ = \frac{1}{L_m} V^+ T_1 \tag{4.34}$$

i_m はモード3で減少し，変化量 Δi_m^- は次式で与えられる。V^- はモード3における v_{n1} で負の値，T_3 はモード3の継続時間である。

$$\Delta i_m^- = \frac{1}{L_m} V^- T_3 \tag{4.35}$$

正常動作時は，$V^+ = -V^- \fallingdotseq V_{in}$，および $T_1 = T_3$ なので，$\Delta i_m^+ + \Delta i_m^- = 0$ である。しかし，V^+ と $|V^-|$ の大きさ，または T_1 と T_3 の長さに差があると，$\Delta i_m^+ + \Delta i_m^- = 0$ は成立しない。V^+ と $|V^-|$ の大きさの差は，$Q_1 \sim Q_4$ のオン抵抗のバラツキ，T_1 と T_3 の長さの差はFET駆動回路の遅延時間のバラツキなどがそれぞれ原因となる。

$T_1 > T_3$ が原因で偏磁が発生したときの波形の模式図を図 **4.23** に示す。$\Delta i_m^+ > |\Delta i_m^-|$ となっており，i_m は徐々に正方向に偏磁している。図では T_1 と T_3 の差を強調して描画しているが，実際にはFET駆動回路の遅延時間のバラツキなどはごくわずかであり，Δi_m^+ と $|\Delta i_m^-|$ の差もわずかである。しかし，仮に $\Delta i_m^+ + \Delta i_m^- = 0.1\,\mathrm{mA}$ としても，i_m は1サイクルごとに $0.1\,\mathrm{mA}$ ずつ正方向に増加するので，1万サイクル後には正方向に $1\,\mathrm{A}$ 偏磁する。動作周波数が $20\,\mathrm{kHz}$ なら1万サイクルは $0.5\,\mathrm{s}$ なので，偏磁は短時間の間に進行する。対策がなければ励磁電流は限りなく増加し，スイッチ素子の破損を招くことになる。

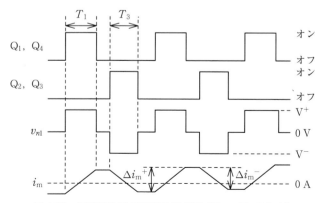

図 **4.23** 偏磁発生時の波形の模式図（$T_1 > T_3$ のとき）

(6) 偏磁の抑制方法

変圧器の 1 次巻線 n_1 と直列に抵抗を挿入して偏磁を抑制する方法を図 **4.24** に示す。挿入した抵抗を R_A とし，その電圧と電流をそれぞれ v_{RA} と i_A とすると次式が成立する。

$$v_{n1} = v_A - v_{RA}$$

したがって，式 (4.34)，(4.35) は，それぞれ式 (4.36)，(4.37) のように変化する。なお，V^+ は正の値，V^- は負の値である。

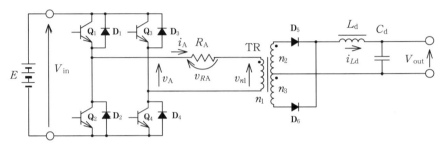

図 4.24 抵抗 R_A の挿入による偏磁防止

$$\Delta i_m^+ = \frac{1}{L_m}(V^+ - v_{RA})T_1 = \frac{1}{L_m}(V^+ - i_A R_A)T_1 \tag{4.36}$$

$$\Delta i_m^- = \frac{1}{L_m}(V^- - v_{RA})T_3 = \frac{1}{L_m}(V^- - i_A R_A)T_3 \tag{4.37}$$

$$i_A = i_m + \frac{n_2}{n_1} i_{Ld} \tag{4.38}$$

したがって，i_m が正方向に偏磁すると，i_A は正のバイアスを持ち，Δi_m^+ は減少し，$|\Delta i_m^-|$ は増加するので，正方向の偏磁は抑制される。逆に，i_m が負方向に偏磁すると，i_A は負のバイアスを持ち，Δi_m^+ は増加し，$|\Delta i_m^-|$ は減少するので，負方向の偏磁は抑制される。

このように，1 次巻線に直列抵抗を挿入すると偏磁を抑制できるが，抵抗で電力損失が発生するためこの方法はあまり用いられない。しかし，n_1 巻線の抵抗成分が R_A と同じ役割を果たし，偏磁の抑制に役立っている。ただし，n_1 巻線の抵抗成分は小さいので，多くの場合これだけでは偏磁抑制の効果が不十分である。そこで，図 **4.25** に示す偏磁防止コンデンサ C_A の挿入が広く用いられている。

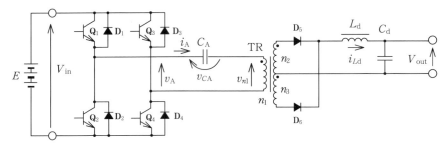

図 4.25 偏磁防止コンデンサ C_A の挿入

C_A の電圧と電流をそれぞれ v_{CA} と i_A とし，その波形を図 4.26 に示す。T_1 と T_3，または V^+ と $|V^-|$ に差があるときは，図のように v_{CA} に直流成分 V_{CADC} が生じて偏磁を抑制する。V_{CADC} を考慮すると，式 (4.34) と式 (4.35) は，それぞれ式 (4.39) と式 (4.40) のように変化する。

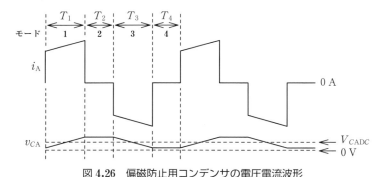

図 4.26 偏磁防止用コンデンサの電圧電流波形

$$\Delta i_m^+ = \frac{1}{L_m}(V^+ - V_{CADC})T_1 \tag{4.39}$$

$$\Delta i_m^- = \frac{1}{L_m}(V^- - V_{CADC})T_3 \tag{4.40}$$

$$\therefore \Delta i_m^+ + \Delta i_m^- = \frac{1}{L_m}(V^+ T_1 + V^- T_3 - V_{CADC}(T_1 + T_3)) \tag{4.41}$$

したがって，次式が成立すれば T_1 と T_3，または V^+ と $|V^-|$ に差があっても $\Delta i_m^+ + \Delta i_m^- = 0$ となり，偏磁は抑制される。

$$V_{CADC} = \frac{V^+ T_1 + V^- T_3}{T_1 + T_3} \tag{4.42}$$

次のような負帰還作用が働き，V_{CADC} は自動的にこの値に整定される。

正方向に偏磁のとき：i_m が正に偏磁 → i_A が正にバイアス
　　　　　　　　　→ v_{CA} が正にバイアス → v_{n1} が負方向に増加
　　　　　　　　　→ i_m が負方向に増加

負方向に偏磁のとき：i_m が負に偏磁 → i_A が負にバイアス
　　　　　　　　　→ v_{CA} が負にバイアス → v_{n1} が正方向に増加
　　　　　　　　　→ i_m が正方向に増加

4.3.2　ハーフブリッジ方式 DC/DC コンバータ

(1)　ハーフブリッジ方式の基本動作

ハーフブリッジ方式 DC/DC コンバータの基本回路構成は図 2.13 に示しているが，詳しい回路構成と各部の記号を**図 4.27** に示す。電圧と電流は矢印の方向を正の方向と定義する。図 4.16 のフルブリッジ方式から二つのスイッチ素子 Q_3 と Q_4 を，それぞれコンデンサ C_3 と C_4 に置き換えた回路構成となっている。C_1 と C_2 はそれぞれ Q_1 と Q_2 の寄生容量でごく小容量であるが，C_3 と C_4 は電力を供給するためのコンデンサなので，大容量が必要であり，電解コンデンサが使われることが多い。

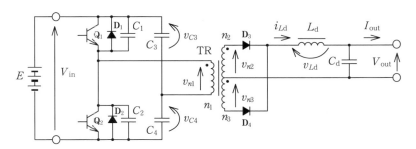

（C_1 と C_2 は Q_1 と Q_2 の寄生容量でごく小容量，
またはスナバコンデンサ）

図 4.27　ハーフブリッジ方式の回路構成と各部の記号

2 次側の整流回路はフルブリッジ方式と同様に，全波整流と両波整流がよく用いられるが，ここでは両波整流で説明する。動作モードと電流径路を**図 4.28** に，回路各部の主要波形を**図 4.29** にそれぞれ示す。各動作モードの概要は以下のとおりである。なお，図 4.28 では負荷電流の径路のみ示しているので，励磁電流の径路は以下の動作モードの説明の中で示す。T_1, T_2, T_3, T_4 はそれぞれ動

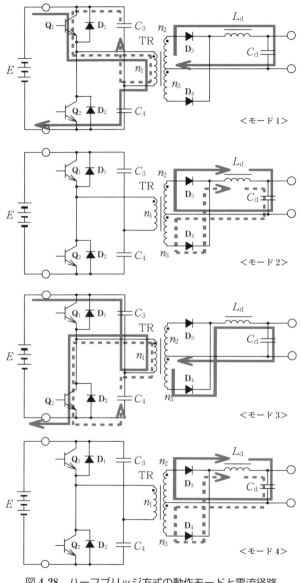

図 4.28　ハーフブリッジ方式の動作モードと電流径路

作モード 1,2,3,4 の継続時間である。$T_1 \sim T_4$ と動作周期 T およびスイッチ素子の通流率 α の間には，フルブリッジ方式と同じく式 (4.8)，(4.9)，(4.10) の関

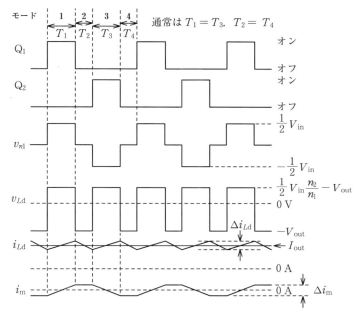

図 4.29 ハーフブリッジ方式の動作モードと主要波形

係が成立する。

<モード 1：Q_1 がオン，Q_2 がオフ>　Q_1 がオンしているので，負荷電流が「$E \to Q_1 \to n_1 \to C_4 \to E$」の径路（太実線の径路）で流れて C_4 が充電される。同時に，「$C_3 \to Q_1 \to n_1 \to C_3$」の径路（太点線の径路）でも負荷電流が流れて C_3 は放電する。励磁電流も負荷電流と同じく，これら二つの径路を流れる。図 4.29 の i_m 波形に示すように，励磁電流はモード 1 の前半は負の値，後半は正の値となる。変圧器の電圧 v_{n1}，v_{n2}，v_{n3} は正の値となるので，2 次側では D_3 が導通し，「$n_2 \to D_3 \to L_d$」の径路で負荷電流が流れ，次式が成立する。

変圧器の n_1 巻線電圧：　$v_{n1} = v_{C3} = \dfrac{1}{2} V_{in}$ 　　　　(4.43)

励磁電流 i_m の変化量：　$\Delta i_m = \dfrac{1}{L_m} v_{n1} T_1 = \dfrac{1}{2} \dfrac{1}{L_m} V_{in} T\alpha$ 　(4.44)

変圧器の n_2 巻線電圧：　$v_{n2} = \dfrac{1}{2} V_{in} \dfrac{n_2}{n_1}$ 　　　　(4.45)

リアクトル L_d の電圧：　$v_{Ld} = v_{n2} - V_{out} = \dfrac{1}{2} V_{in} \dfrac{n_2}{n_1} - V_{out}$

(4.46)

i_{Ld} の変化量： $\Delta i_{Ld} = \dfrac{1}{L_\mathrm{d}} v_{Ld} T_1 = \dfrac{1}{L_\mathrm{d}} \left(\dfrac{1}{2} V_\mathrm{in} \dfrac{n_2}{n_1} - V_\mathrm{out} \right) T\alpha$

(4.47)

この状態で Q_1 がターンオフしてモード 2 へ移行する。

＜モード 2：Q_1，Q_2 ともにオフ＞　Q_1 と Q_2 がともにオフとなるので，フルブリッジ方式のモード 2 と同様に負荷電流，励磁電流ともに変圧器 TR の 2 次側に転流する。負荷電流は平滑リアクトル L_d に蓄積されたエネルギーにより実線の径路と点線の径路で 1/2 ずつ流れる。励磁電流は「$n_3 \to D_4 \to L_\mathrm{d}$」の径路（点線の径路）で流れる。次式が成立する。

変圧器の n_1 巻線電圧： $v_{n1} = 0$ (4.48)

変圧器の 2 次電圧： $v_{n2} = v_{n3} = 0$ (4.49)

リアクトル L_d の電圧： $v_{Ld} = -V_\mathrm{out}$ (4.50)

L_d 電流の変化量： $\Delta i_{Ld} = \dfrac{1}{L_\mathrm{d}} v_{Ld} T_2 = -\dfrac{1}{L_\mathrm{d}} V_\mathrm{out} T(0.5 - \alpha)$

(4.51)

n_2 巻線電流： $i_{n2} = \dfrac{1}{2}(i_{Ld} - I_{m2})$ (4.52)

n_3 巻線電流： $i_{n3} = \dfrac{1}{2}(i_{Ld} + I_{m2})$ (4.53)

なお，I_{m2} はモード 2 の励磁電流である。I_{m1} をモード 1 終了直前に n_1 巻線に流れていた励磁電流とすると，等アンペアターンの法則に従い，$I_{m2} = I_{m1} \dfrac{n_1}{n_3}$ である。n_3 巻線電圧は 0 なのでモード 2 の期間中励磁電流の大きさは変化しない。この状態で Q_2 がターンオンしてモード 3 へ移行する。

＜モード 3：Q_2 がオン，Q_1 がオフ＞　Q_2 がオンしているので，1 次側の負荷電流は「$E \to C_3 \to n_1 \to Q_2 \to E$」の径路（太実線の径路）と「$C_4 \to n_1 \to Q_2 \to C_4$」の径路（太点線の径路）の二つの径路で流れて C_3 は充電され，C_4 は放電する。励磁電流も負荷電流と同じくこれら二つの径路を流れる。図 4.29 の i_m 波形に示すように，励磁電流はモード 3 の前半は正の値，後半は負の値となる。変圧器の電圧 v_{n1}，v_{n2}，v_{n3} は負の値となるので 2 次側では D_4 が導通し，「$n_3 \to D_4 \to L_\mathrm{d}$」の径路で負荷電流が流れ，次式が成立する。

変圧器の n_1 巻線電圧： $\quad v_{n1} = -v_{C4} = -\dfrac{1}{2}V_{in}$ （4.54）

励磁電流 i_m の変化量： $\quad \Delta i_m = \dfrac{1}{L_m}v_{n1}T_3 = -\dfrac{1}{2}\dfrac{1}{L_m}V_{in}T\alpha$

（4.55）

変圧器の n_3 巻線電圧： $\quad v_{n3} = -\dfrac{1}{2}V_{in}\dfrac{n_3}{n_1} = -\dfrac{1}{2}V_{in}\dfrac{n_2}{n_1}$ （4.56）

リアクトル L_d の電圧： $\quad v_{Ld} = -v_{n3} - V_{out} = \dfrac{1}{2}V_{in}\dfrac{n_2}{n_1} - V_{out}$

（4.57）

i_{Ld} の変化量： $\quad \Delta i_{Ld} = \dfrac{1}{L_d}v_{Ld}T_3 = \dfrac{1}{L_d}\left(\dfrac{1}{2}V_{in}\dfrac{n_2}{n_1} - V_{out}\right)T\alpha$

（4.58）

この状態で Q_2 がターンオフしてモード4へ移行する。

＜モード4：Q_1, Q_2 ともにオフ＞　Q_2 がオフするので負荷電流，励磁電流ともに TR の2次側に転流する。負荷電流は平滑リアクトル L_d に蓄積されたエネルギーにより，モード2と同じく実線の径路と点線の径路の二つの径路で1/2ずつ流れる。励磁電流は「$n_2 \rightarrow D_3 \rightarrow L_d$」の径路（太実線の径路）で流れる。モード2と同じく，式(4.48)～(4.51)が成立する。励磁電流はモード2と逆方向となるので，2次側の巻線電流は次式で表される。

n_2 巻線電流： $\quad i_{n2} = \dfrac{1}{2}(i_{Ld} + I_{m2})$ （4.59）

n_3 巻線電流： $\quad i_{n3} = \dfrac{1}{2}(i_{Ld} - I_{m2})$ （4.60）

この状態で Q_1 がターンオンしてモード1へ戻る。

(2)　ハーフブリッジ方式の偏磁抑制機能

4.3.1項(5)で，フルブリッジ方式 DC/DC コンバータでは偏磁が発生しやすく，その対策が必要であることを説明した。ハーフブリッジ方式はフルブリッジ方式とは異なり，自動的に偏磁を抑制する機能が備わっている。以下，ハーフブリッジ方式の偏磁抑制の原理を説明する。

前記のように，モード1では負荷電流が次の二つの径路で流れるので，C_3 は放電し，C_4 は充電される。

径路 1：$C_3 \to Q_1 \to n_1 \to C_3 \cdots C_3$ は放電

径路 2：$Q_1 \to n_1 \to C_4 \cdots C_4$ は充電

励磁電流 i_m も同じ径路で流れるが，偏磁が発生してないときは図 4.29 に示したように，モード 1 の前半は負の方向，後半は正の方向に流れるので，充電と放電が拮抗しており，C_3 と C_4 の電圧には影響を与えない。

正方向に偏磁が発生した場合を考える。この場合，励磁電流 i_m は図 **4.30** に示すように正のバイアスを持つ。この場合の励磁電流の径路と方向を図 **4.31** の＜モード 1 ＞に示す。励磁電流は常に正方向（変圧器の黒丸に流れ込む方向）なので図示の方向はモード 1 の期間中変化しない。したがって，C_3 はモード 1 の期間中放電し続け，C_4 は充電され続ける。

一方，モード 3 では図 4.28 に示したように，負荷電流が次の二つの径路で流

図 **4.30**　正方向に偏磁したときの励磁電流波形

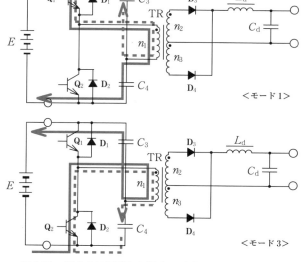

図 **4.31**　正方向に偏磁した場合の励磁電流の径路と方向

れ，C_3 は充電され，C_4 は放電する．

径路 1：$C_3 \to n_1 \to Q_2$ ・・・・C_3 は充電

径路 2：$C_4 \to n_1 \to Q_2 \to C_4$ ・・・・C_4 は放電

励磁電流 i_m も同じ径路で流れるが，偏磁の発生してないときは図 4.29 に示したようにモード 3 の前半は正の方向，後半は負の方向に流れているので充電と放電が拮抗しており，C_3 と C_4 の電圧には影響を与えない．正方向に偏磁が発生した場合の励磁電流の径路と方向を図 4.31 の＜モード 3 ＞に示す．励磁電流 i_m は常に正なので，図示の方向はモード 3 の期間中変化しない．したがって，C_3 はモード 3 の期間中放電し続け，C_4 は充電され続ける．

以上をまとめると**表 4.6** となる．負荷電流は偏磁の有無に関係なく流れるので，モード 1 では C_3 を放電，C_4 を充電し，モード 3 では C_3 を放電，C_4 を充電する．よって，充放電バランスしており C_3 と C_4 の電圧に影響を与えない．しかし，励磁電流は正に偏磁した場合は，モード 1 とモード 3 ともに C_3 を放電し，C_4 を充電する．したがって，C_3 の電圧 v_{C3} は低下し，C_4 の電圧 v_{C4} は上昇する．

表 4.6　正に偏磁したときの C_3，C_4 の充放電状態

	モード 1		モード 3	
	負荷電流	励磁電流	負荷電流	励磁電流
C_3	放電	放電	充電	放電
C_4	充電	充電	放電	充電

励磁電流の変化は前記のように次式で与えられる．

$$\text{モード 1}：\Delta i_m^+ = \frac{1}{L_m} v_{n1} T_1 = \frac{1}{L_m} v_{C3} T_1 \tag{4.61}$$
・・・・正の値であり，増加

$$\text{モード 3}：\Delta i_m^- = \frac{1}{L_m} v_{n1} T_3 = -\frac{1}{L_m} v_{C4} T_3 \tag{4.62}$$
・・・・負の値であり，減少

したがって，正に偏磁した場合は v_{C3} は低下し，v_{C4} は上昇するので i_m は減少し，偏磁は抑制される．何らかの原因で「$T_1 > T_3$」となると，「$\Delta i_m^+ + \Delta i_m^- >$

0」となり正方向に偏磁する。その結果,上記のように「$v_{C3} < v_{C4}$」となる。v_{C3} の減少と v_{C4} の増加は「$v_{C3}T_1 = v_{C4}T_3$」となるまで続く。「$v_{C3}T_1 = v_{C4}T_3$」となると「i_m の増加量 $= i_m$ の減少量」となり,i_m の増減は均衡し,偏磁現象の進行は解消される。たとえば,T_1 が T_3 の 1.1 倍になって偏磁が発生した場合,自動的に v_{C4} は v_{C3} の 1.1 倍となり,Δi_m は正負バランスし,偏磁現象の進行は解消する。このように,ハーフブリッジ方式 DC/DC コンバータには自動的に偏磁を抑制する機能が備わっている。

4.3.3 プッシュプル方式 DC/DC コンバータ

プッシュプル方式 DC/DC コンバータの基本回路構成は図 2.14 に示したが,詳しい回路構成と回路各部の記号を図 4.32 に示す。

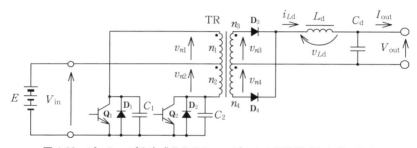

図 4.32 プッシュプル方式 DC/DC コンバータの回路構成と各部の記号

電圧と電流それぞれの矢印の方向を正の方向と定義する。2 次側の整流回路はフルブリッジ方式と同様に,全波整流と両波整流がよく用いられるが,ここでは両波整流で説明する。動作モードと電流径路を図 4.33 に,回路各部の主要波形を図 4.34 に示す。各動作モードの概要は次の通りである。なお,T_1, T_2, T_3, T_4 はそれぞれ動作モード 1,2,3,4 の継続時間である。$T_1 \sim T_4$ と動作周期 T およびスイッチ素子の通流率 α の間には,フルブリッジ方式と同じく式 (4.8),式 (4.9),式 (4.10) の関係が成立する。

<**モード 1**:Q_1 がオン,Q_2 がオフ> Q_1 がオンしているので「$E \to n_1 \to Q_1 \to E$」の径路で負荷電流が流れる。それに対応して変圧器の 2 次側に「$n_4 \to D_4 \to L_d \to C_d \to n_4$」の径路で負荷電流が流れる。リアクトル L_d には正の電圧が印加され,L_d 電流 i_{Ld} は増加する。励磁電流は 1 次側を負荷電流と同じ径路で流れる。次式が成立する。

4.3 ブリッジ方式 DC/DC コンバータ

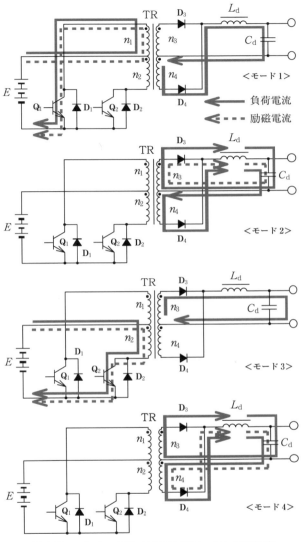

図 4.33 プッシュプル方式の動作モードと電流径路

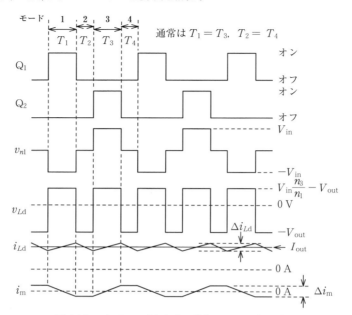

図 4.34 プッシュプル方式の動作モードと主要波形

変圧器の n_1 巻線電圧： $v_{n1} = -V_{in}$ (4.63)

変圧器の n_4 巻線電圧： $v_{n4} = -V_{in}\dfrac{n_4}{n_1}$ (4.64)

リアクトル L_d の電圧： $v_{Ld} = -v_{n4} - V_{out}$

$$= V_{in}\dfrac{n_4}{n_1} - V_{out} \quad (4.65)$$

L_d 電流の変化量： $\Delta i_{Ld} = \dfrac{1}{L_d} v_{Ld} T_1$

$$= \dfrac{1}{L_d}\left(V_{in}\dfrac{n_4}{n_1} - V_{out}\right)T\alpha \quad (4.66)$$

励磁電流の変化量： $\Delta i_m = \dfrac{1}{L_m}(-V_{in})T_1 = -\dfrac{1}{L_m}V_{in}T\alpha$ (4.67)

なお，L_m は励磁インダクタンスである．励磁電流 i_m は巻線の上から下，すなわち極性表示記号（黒丸）に流れ込む方向を正としている．i_m はモード 1 の前半は正の値，後半は負の値である．この状態で Q_1 がターンオフしてモード 2 へ移行する．

＜モード 2：Q_1，Q_2 ともにオフ＞　Q_1 と Q_2 がともにオフとなるので，フ

ルブリッジ方式やハーフブリッジ方式のモード2と同様に，負荷電流，励磁電流ともに変圧器 TR の2次側に転流する．負荷電流は平滑リアクトル L_d に蓄積されたエネルギーにより，n_3 巻線と n_4 巻線に 1/2 ずつ流れる．励磁電流は「$n_3 \rightarrow \mathrm{D}_3 \rightarrow L_\mathrm{d}$」の径路（太点線の径路）で流れ，次式が成立する．

変圧器の巻線電圧： $v_{n1} = v_{n2} = v_{n3} = v_{n4} = 0$ (4.68)

リアクトル L_d の電圧： $v_{L\mathrm{d}} = -V_\mathrm{out}$ (4.69)

L_d 電流の変化量： $\Delta i_{L\mathrm{d}} = \dfrac{1}{L_\mathrm{d}} v_{L\mathrm{d}} T_2$

$\qquad\qquad\qquad\qquad = -\dfrac{1}{L_\mathrm{d}} V_\mathrm{out} T(0.5 - \alpha)$ (4.70)

n_3 巻線電流： $i_{n3} = \dfrac{1}{2}(i_{L\mathrm{d}} + I_{\mathrm{m}2})$ (4.71)

$n4$ 巻線電流： $i_{n4} = \dfrac{1}{2}(i_{L\mathrm{d}} - I_{\mathrm{m}2})$ (4.72)

なお，$I_{\mathrm{m}2}$ はモード2の n_3 巻線を流れる励磁電流である．$I_{\mathrm{m}1}$ をモード1終了直前に n_1 巻線に流れていた励磁電流とすると，等アンペアターンの法則により，$I_{\mathrm{m}2} = I_{\mathrm{m}1} \dfrac{n_1}{n_3}$ である．n_3 巻線電圧は0なので，モード2の期間中励磁電流の大きさは変化しない．この状態で Q_2 がターンオンしてモード3へ移行する．

＜モード3：Q_1 がオフ，Q_2 がオン＞　　モード1と逆の動作を行う．Q_2 がオンしているので「$E \rightarrow n_2 \rightarrow \mathrm{Q}_2 \rightarrow E$」の径路で負荷電流が流れる．それに対応して2次側に「$n_3 \rightarrow \mathrm{D}_3 \rightarrow L_\mathrm{d} \rightarrow C_\mathrm{d} \rightarrow n_3$」の径路で負荷電流が流れる．リアクトル L_d には正の電圧が印加され，L_d 電流 $i_{L\mathrm{d}}$ は増加する．励磁電流は1次側を負荷電流と同じ径路で流れ，次式が成立する．

変圧器の n_2 巻線電圧： $v_{n2} = V_\mathrm{in}$ (4.73)

変圧器の n_3 巻線電圧： $v_{n3} = V_\mathrm{in} \dfrac{n_3}{n_2}$ (4.74)

リアクトル L_d の電圧： $v_{L\mathrm{d}} = v_{n3} - V_\mathrm{out} = V_\mathrm{in} \dfrac{n_3}{n_1} - V_\mathrm{out}$ (4.75)

L_d の電流の変化量： $\Delta i_{L\mathrm{d}} = \dfrac{1}{L_\mathrm{d}} v_{L\mathrm{d}} T_3$

$\qquad\qquad\qquad\qquad = \dfrac{1}{L_\mathrm{d}}(V_\mathrm{in} \dfrac{n_3}{n_1} - V_\mathrm{out}) T_3$ (4.76)

励磁電流の変化量： $\Delta i_\mathrm{m} = \dfrac{1}{L_\mathrm{m}} V_\mathrm{in} T_3 = \dfrac{1}{L_\mathrm{m}} V_\mathrm{in} T \alpha$ (4.77)

i_m はモード3の前半は負の値，後半は正の値である．この状態で Q_2 がターンオフしてモード4へ移行する．

＜モード4：Q_1，Q_2 ともにオフ＞　モード2と類似の動作を行う．L_d の電流は n_3 巻線と n_4 巻線に分流する．モード2と同じく式(4.68)，式(4.69)，式(4.70)が成立する．励磁電流はモード2とは方向が逆になり，n_4 巻線を流れるので，次式が成立する．

$$n_3 \text{巻線電流}: \quad i_{n3} = \frac{1}{2}(i_{L\mathrm{d}} - I_{\mathrm{m}2}) \tag{4.78}$$

$$n_4 \text{巻線電流}: \quad i_{n4} = \frac{1}{2}(i_{L\mathrm{d}} + I_{\mathrm{m}2}) \tag{4.79}$$

4.3.4　ブリッジ方式 DC/DC コンバータの特徴

(1)　三つの回路方式の比較

ブリッジ方式3種類の主要特性比較を**表 4.7** に示す．ハーフブリッジ方式では，2つのコンデンサで電源電圧を分圧して変圧器1次巻線に印加するので，出力電圧は他の方式の1/2となる．したがって，同じ出力電圧を得るためには変圧比 n_2/n_1 を2倍にしなければならないので，スイッチ素子の電流は他の方式の2倍となる．プッシュプル方式では，二つの巻線電圧の和がスイッチ素子に印加されるので，スイッチ素子印加電圧は他の方式の2倍となる．したがって，プッシュプル方式は入力電圧が高い用途には適さない．ハーフブリッジ方式は，自動的

表 4.7　ブリッジ方式3種類の主要特性比較

	フルブリッジ (図 4.16)	ハーフブリッジ (図 4.27)	プッシュプル (図 4.32)
スイッチ素子の数	4	2	2
出力電圧	$V_\mathrm{in} \dfrac{n_2}{n_1} 2\alpha$	$\dfrac{n_2}{n_1} V_\mathrm{in} \alpha$ (注1)	$2\dfrac{n_3}{n_1} V_\mathrm{in} \alpha$ (注2)
スイッチ素子電流	—	フルブリッジの2倍	フルブリッジと同じ
スイッチ素子印加電圧	V_in	V_in	$2V_\mathrm{in}$
偏磁対策	容易	通常は不要	難
サージ電圧対策	容易	容易	難

(注1)，(注2) の導出は「章末問題の解答」＜問題 4.5＞，＜問題 4.6＞に示す．

に偏磁を抑制する機能があるので，特別な偏磁対策は不要な場合が多いが，他の方式は何らかの偏磁対策が必要である．フルブリッジ方式は，変圧器1次巻線と直列にコンデンサを挿入することで対策できるが，プッシュプル方式ではその方法が使えないので，他の方法が必要である．

(2) 過渡時の動作モード

フルブリッジ方式は，変圧器の漏れインダクタンスのために，モード 1, 2, 3, 4 の四つの基本動作モードに加えて，モード $1', 2', 3', 4'$ の四つの過渡時の動作モードが発生することを 4.3.1 項 (3) で説明した．ハーフブリッジ方式とプッシュプル方式も同じメカニズムで過渡時の動作モードが発生し，1周期の動作は「モード $1 \rightarrow 1' \rightarrow 2 \rightarrow 2' \rightarrow 3 \rightarrow 3' \rightarrow 4 \rightarrow 4'$」となる．

フルブリッジ方式では，スイッチ素子のターンオフ時に次のようなモード A とモード B が発生し，その結果，スイッチ素子にサージ電圧が生じることを 4.3.1 項 (4) で説明した．

モード A：スイッチ素子ターンオフ → 寄生容量とスナバコンデンサの充放電 → 寄生ダイオードの導通

モード B：ラインインダクタンスのため寄生容量とスナバコンデンサを高電圧に充電

ハーフブリッジ方式では，フルブリッジ方式と同じメカニズムでサージ電圧が発生する．その対策として，フルブリッジ方式と同様に，スイッチ素子の直近にコンデンサを挿入するような対策が適用される．

一方，プッシュプル方式は，モード A で寄生容量とスナバコンデンサの充放電を行うときに，変圧器1次側の二つの巻線間で電流の移動が必要となる．二つの巻線間の漏れインダクタンスは電流の移動を阻害するので，ターンオフしたスイッチ素子の寄生容量とスナバコンデンサは過大に充電される．したがって，プッシュプル方式は，ラインインダクタンスに加えて，二つの1次巻線間の漏れインダクタンスもサージ電圧の発生要因となる．

(3) ブリッジ方式の3種類の整流回路

ブリッジ方式の3種類の2次側整流回路を**図 4.35** に示す．フルブリッジ，ハーフブリッジ，プッシュプルの3方式すべてにおいて，図に示した3種類の整流回路を使用できる．変圧器の n_2 巻線電圧波形が**図 4.36** のとき，3種類の整流回路の比較を**表 4.8** に示す．

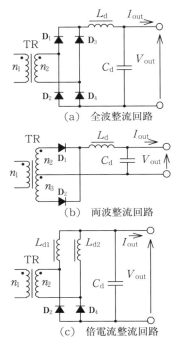

(a) 全波整流回路

(b) 両波整流回路

(c) 倍電流整流回路

図 4.35 ブリッジ方式の 3 種類の
2 次側整流回路

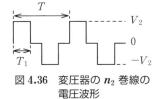

図 4.36 変圧器の n_2 巻線の
電圧波形

表 4.8 3 種類の整流回路の比較

	全 波	両 波	倍電流
出力電圧 V_{out}	$2V_2\alpha$	$2V_2\alpha$	$V_2\alpha$
2 次巻線電流 I_{2rms}	$I_{out}\sqrt{2\alpha}$	$I_{out}\dfrac{\sqrt{1+2\alpha}}{2}$ *	$I_{out}\dfrac{\sqrt{2\alpha}}{2}$
ダイオード電圧	V_2	$2V_2$	V_2

注) $\alpha = T_1/T$ とする。I_{2rms} は 2 次側巻線電流の実効値,
I_{out} は出力電流。
 ＊ の導出方法は章末問題 4.7 に示す。

全波整流回路では電流の径路にダイオードが2個直列に入るが，両波整流では1個である．さらに，ダイオード印加電圧は全波整流回路は両波整流回路の1/2である．したがって，出力電圧の高いときは全波整流回路，低いときは両波整流回路がそれぞれ使用される．なお，全波整流回路の電流径路は図4.19，両波整流回路の電流径路は図4.18などに示している．

倍電流整流回路の出力電圧は全波整流の1/2となる．逆に出力電流は2倍となるので倍電流整流回路と呼ばれている．低出力電圧で大出力電流が必要とされる用途に用いられる．倍電流整流回路の電流径路は章末問題4.8に示す．

(4) 変圧器の BH 曲線

フォワード方式とブリッジ方式の BH 曲線の模式図を図 **4.37** に示す．フォワード方式は3.3.1項で説明したように，励磁電流はモード1で増加，モード2で減少し，モード3とモード4で小さな負の値となる．したがって，変圧器は図 (a) のように大部分を BH 曲線の第1象限で動作し，一部第3象限に移動する．一方，ブリッジ方式では図 (b) のように第1象限と第3象限で対称的に動作する．たとえば，フルブリッジ方式では，図4.17で示したように，モード1の後半からモード3の前半まで励磁電流 i_m は正の値であり，モード3の後半からモード1の前半までは負の値である．なお，励磁電流 i_m と変圧器の鉄心内部の磁界 H には式 (3.14) の関係があり，磁界 H は励磁電流 i_m に比例する．

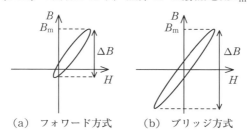

図 **4.37** フォワード方式とブリッジ方式の BH 曲線模式図

4.4 電流型 DC/DC コンバータ

4.4.1 電流型 DC/DC コンバータの概要

2.5.2項で説明したように，絶縁型 DC/DC コンバータはチョッパ回路に変圧器を挿入した回路である．図2.27と図2.28で示したように，1石フォワード方

式やフルブリッジ方式の DC/DC コンバータは，降圧チョッパに変圧器を挿入した回路である。同様にして，昇圧チョッパに変圧器を挿入しても絶縁型 DC/DC コンバータを構成できる。図 **4.38**(a) の昇圧チョッパのスイッチ素子 Q をインバータと整流回路に置き換えると図 4.38(b) となる。この回路を図 **4.39** のように動作させると，以下のように昇圧チョッパと同じ動作となる。

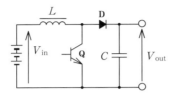

(a) 昇圧チョッパ

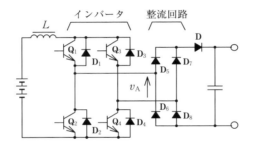

(b) Q をインバータと整流回路に置換

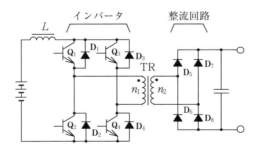

(c) 変圧器 TR を挿入（電流型フルブリッジ方式 DC/DC コンバータ）

図 **4.38** 昇圧チョッパと電流型 DC/DC コンバータ

＜モード 1：Q_1〜Q_4 すべてオン＞ リアクトル L に電源電圧が印加され，L にエネルギーが蓄積される。図 4.38(a) の昇圧チョッパにおいて，スイッチ素子 Q をオンしたのと同じ動作である。

4.4 電流型 DC/DC コンバータ 93

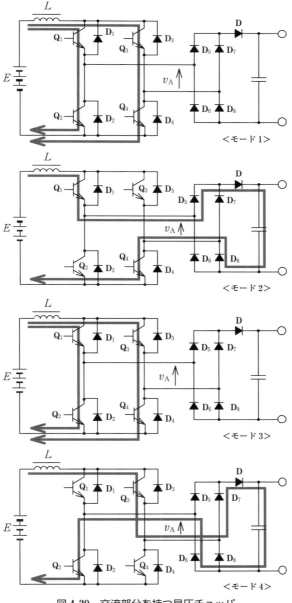

図 4.39 交流部分を持つ昇圧チョッパ

<モード2：Q_1 と Q_4 がオン＞　　L のエネルギーが出力側に伝達される。昇圧チョッパにおいて，スイッチ素子がオフしたときと同じ動作である。v_A は正となる。

<モード3：Q_1〜Q_4 すべてオン＞　　モード1と同じ動作である。L にエネルギーが蓄積される。

<モード4：Q_2 と Q_3 がオン＞　　モード2と同様に，L のエネルギーが出力側に伝達される。昇圧チョッパにおいてスイッチ素子がオフしたときと同じ動作である。v_A は負となる。

このように動作させると，図 4.38(b) の回路は昇圧チョッパと同じ特性が得られると同時に，電圧 v_A が交流となるので，この部分に変圧器を挿入できる。変圧器 TR を挿入し，さらに D_5, D_7 と機能が重複するダイオードDを省略すると，図 4.38(c) の回路となる。

昇圧チョッパは入力部にリアクトル L が存在する。リアクトルは電流源の機能を持つので，昇圧チョッパに変圧器を挿入した DC/DC コンバータは，電流型 DC/DC コンバータと呼ばれる。もし，電源 E が電流源であれば，リアクトル L は省略できる。逆に，降圧チョッパの電源は電圧源でなければならないので，2.5.2 項で説明した降圧チョッパから生まれた DC/DC コンバータは電圧型 DC/DC コンバータと呼ばれる。

図 4.38(c) の回路はインバータ部がフルブリッジなので，電流型フルブリッジ方式 DC/DC コンバータと呼ばれる。**図 4.40** の回路は電流型プッシュプル方式 DC/DC コンバータである。図 4.16，図 4.32 で示した電圧型のフルブリッジ方式，プッシュプル方式と比較すると，リアクトル L_d の位置が相違する。電流型は昇圧チョッパから生まれた回路なので，低い入力電圧を昇圧する用途に用いら

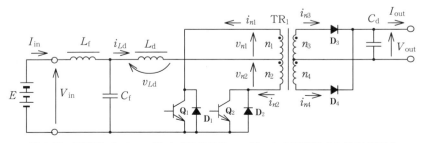

図 **4.40**　電流型プッシュプル方式 **DC/DC** コンバータの回路構成と各部の記号

れることが多い．したがって，低電圧入力に適するプッシュプル方式がよく用いられる．

表 4.9 に電圧型 DC/DC コンバータと電流型 DC/DC コンバータの比較を示す．

表 4.9　電圧型 DC/DC コンバータと電流型 DC/DC コンバータの比較

	電圧型	電流型
元回路	降圧チョッパ	昇圧チョッパ
電　源	電圧源	電流源（電圧源 + リアクトル）
入力電流	断続波形（方形波）	連続波形（リプルを持つ直流）
出力電圧	$V_\mathrm{in} \alpha$ に比例	$V_\mathrm{in} \dfrac{1}{1-\alpha}$ に比例
主要な回路構成	（1石・2石）フォワード方式 フルブリッジ方式 ハーフブリッジ方式 プッシュプル方式	フルブリッジ方式 プッシュプル方式
用　途	ほとんどの電気製品で使用	一部の電気製品で使用

元となるチョッパ回路は，それぞれ降圧チョッパと昇圧チョッパである．電源は上記のように，それぞれ電圧源と電流源である．入力電流波形は，電圧型では入力部に直接スイッチ素子を配置してオン・オフ動作するので，断続波形（方形波）となる．方形波電流は高周波ノイズの原因となるので，電圧型は通常，入力部に大容量のコンデンサを配置して入力電流を平滑する．一方，電流型は入力部にリアクトルを持つので，入力電流は連続波形（リプルを持つ直流）である．

出力電圧は，それぞれ，元となるチョッパ回路の出力電圧の式に比例する値となる．したがって，大きな昇圧比を得たい場合は電流形が適する．主要な回路構成は，電圧型ではフォワード方式，フルブリッジ方式，ハーフブリッジ方式，プッシュプル方式である．電流型では，フォワード方式は提案されているが，あまり使われていない[8]．ハーフブリッジ方式は電流型では成立しない．したがって，電流型では主にフルブリッジ方式とプッシュプル方式が使用される．用途は，電圧型ではほとんどの電気製品が広く対象となる．電流形はその特徴を生かして一部の電気製品で使用されている．たとえば，入力電流のリプルが小さいこと，および昇圧に適する，という電流形の特徴から，燃料電池の昇圧回路や昇圧型 PFC コンバータなどに使用されている．

4.4.2 電流型プッシュプル方式DC/DCコンバータ

(1) 電流型プッシュプル方式の基本動作

図4.41に電流型プッシュプル方式の動作モードと電流径路を示す。図4.42に

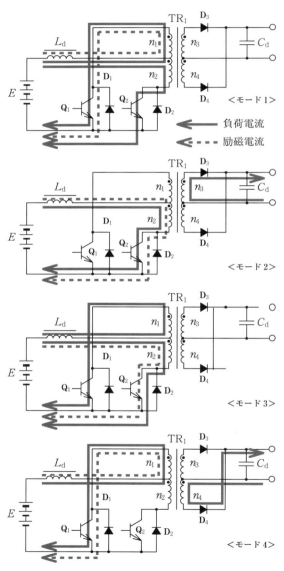

図4.41 電流型プッシュプル方式の動作モードと電流径路

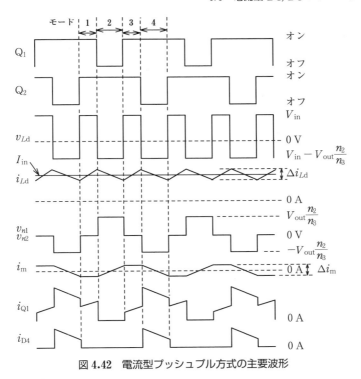

図 4.42 電流型プッシュプル方式の主要波形

主要波形を示す。各動作モードの概要は次のとおりである。電圧・電流の記号は図 4.40 による。

＜モード 1：Q_1, Q_2 ともにオン＞（蓄積モード）　Q_1 と Q_2 がともにオンしているので，トランス TR_1 の 1 次巻線は短絡状態であり，トランスの電圧はゼロである。リアクトル L_d は TR_1 を介して Q_1 と Q_2 でグランドに短絡された状態となり，電源電圧 V_{in} が印加される。L_d 電流 i_{Ld} は直線的に増加する。モード 1 期間中の i_{Ld} の増加量 Δi_{Ld} は次式で与えられる。

$$\Delta i_{Ld} = \frac{1}{L_d} v_{Ld} T_1 = \frac{1}{L_d} V_{in} T_1 \tag{4.80}$$

なお，T_1 はモード 1 の継続時間である。変圧器の電圧はゼロなので励磁電流の大きさは変化しない。

モード 1 の電流径路からわかるように，L_d 電流から励磁電流を減じた電流が負荷電流であり，負荷電流は n_1 巻線と n_2 巻線を等分して流れる。したがって，

Q_1 電流 i_{Q1} と Q_2 電流 i_{Q2} はそれぞれ次式で表される。

$$i_{Q1} = i_{n1} = \frac{1}{2}(i_{Ld} - i_m) + i_m = \frac{1}{2}(i_{Ld} + i_m) \tag{4.81}$$

$$i_{Q2} = i_{n2} = \frac{1}{2}(i_{Ld} - i_m) \tag{4.82}$$

Q_1 がターンオフしてモード2へ移行する。

<**モード2：Q_1 オフ，Q_2 オン**>（伝達モード）　L_d が電流源として動作し，「$L_d \to n_2 \to Q_2 \to E \to L_d$」の径路で電流が流れる。この電流に対応してトランスの2次側に「$n_3 \to D_3$」の方向に電流が流れる。n_2 巻線電圧 v_{n2} は次式で与えられる。

$$v_{n2} = V_{\text{out}} \frac{n_2}{n_3} \tag{4.83}$$

変圧器の電圧は，電圧型 DC/DC コンバータでは入力電圧で決まるが，電流型 DC/DC コンバータでは式 (4.83) のように出力電圧で決まる。

L_d 電圧 v_{Ld} は次式で与えられる。

$$v_{Ld} = V_{\text{in}} - v_{n2} = V_{\text{in}} - V_{\text{out}} \frac{n_2}{n_3} \tag{4.84}$$

なお，$V_{\text{in}} < V_{\text{out}} \frac{n_2}{n_3}$ であり，v_{Ld} は負の値である。したがって，L_d 電流 i_{Ld} は直線的に減少する。モード2期間中の i_{Ld} の変化量 Δi_{Ld} は次式で与えられる。

$$\Delta i_{Ld} = \frac{1}{L_d} v_{Ld} T_2 = \frac{1}{L_d} \left(V_{\text{in}} - V_{\text{out}} \frac{n_2}{n_3} \right) T_2 \tag{4.85}$$

なお，T_2 はモード2の継続時間である。

変圧器の巻線電圧は式 (4.83) で示される正の値なので，この電圧により励磁電流 i_m は直線的に増加する。i_m の増加量 Δi_m は次式で与えられる。

$$\Delta i_m = \frac{1}{L_m} v_{n2} T_2 = \frac{1}{L_m} V_{\text{out}} \frac{n_2}{n_3} T_2 \tag{4.86}$$

モード2の電流径路から，Q_1, Q_2, D_3, D_4 の電流は次式で与えられる。

$$i_{Q2} = i_{Ld} \tag{4.87}$$

$$i_{D3} = i_{n3} = (i_{Ld} - i_m) \frac{n_2}{n_3} \tag{4.88}$$

$$i_{Q1} = 0 \tag{4.89}$$

$$i_{D4} = i_{n4} = 0 \tag{4.90}$$

Q_1 がターンオンしてモード3へ移行する。

<モード3：Q_1，Q_2 ともにオン>（蓄積モード） モード1と同様に L_d には電源電圧 V_{in} が印加され i_{Ld} は増加する。増加量はモード1と同じである。変圧器の巻線電圧はゼロなので励磁電流は変化せず，モード2終了時と同じ値で流れ続ける。

負荷電流はモード1と同様に n_1 巻線と n_2 巻線を等分して流れ，励磁電流はモード2終了時と同じく n_2 巻線を正方向に流れる。したがって，Q_1 と Q_2 の電流は次式で表される。

$$i_{Q1} = i_{n1} = \frac{1}{2}(i_{Ld} - i_m) \tag{4.91}$$

$$i_{Q2} = i_{n2} = \frac{1}{2}(i_{Ld} - i_m) + i_m = \frac{1}{2}(i_{Ld} + i_m) \tag{4.92}$$

Q_2 がターンオフしてモード4へ移行する。

<モード4：Q_1 オフ，Q_2 オン>（伝達モード） L_d は電流源として動作し，「$L_d \to n_1 \to Q_1 \to E \to L_d$」の径路で電流が流れる。この電流に対応してトランスの2次側に「$n_4 \to D_4$」の方向に電流が流れる。n_1 巻線電圧 v_{n1} は次式で与えられる。

$$v_{n1} = -V_{out}\frac{n_1}{n_4} \tag{4.93}$$

$n_1 = n_2$，$n_3 = n_4$ より

$$v_{n1} = -V_{out}\frac{n_2}{n_3} \tag{4.94}$$

モード4の L_d 電圧 v_{Ld} および L_d 電流 i_{Ld} の変化量 Δi_{Ld} は，モード2と同じ式で与えられる。モード4の式 (4.94) の電圧とモード2の式 (4.83) の電圧は同じ大きさであるが，極性は逆であり，モード4では v_{n2} は次式で与えられる。

$$v_{n2} = -V_{out}\frac{n_2}{n_3} \tag{4.95}$$

この電圧により励磁電流 i_m は直線的に減少する。i_m の変化量 Δi_m は次式で与えられる。

$$\Delta i_m = \frac{1}{L_m}v_{n2}T_4 = -\frac{1}{L_m}V_{out}\frac{n_2}{n_3}T_4 \tag{4.96}$$

なお，T_4 はモード 4 の継続時間であり，モード 2 の継続時間 T_2 と等しい。モード 4 では i_m はモード 2 での増加量と同じ値だけ減少する。i_m の電流径路は負荷電流と同じく，「$L_d \to n_1 \to Q_1 \to E \to L_d$」である。

モード 4 の電流径路から Q_1, Q_2, D_3, D_4 の電流は次式で与えられる。

$$i_{Q1} = i_{Ld} \tag{4.97}$$

$$i_{D4} = i_{n4} = (i_{Ld} - i_m)\frac{n_1}{n_4} \tag{4.98}$$

$$i_{Q2} = 0 \tag{4.99}$$

$$i_{D3} = i_{n3} = 0 \tag{4.100}$$

Q_2 がターンオンしてモード 1 に戻る。

(2) 出力電圧の導出

定常状態ではモード 1 におけるリアクトル電流 i_{Ld} の増加とモード 2 における i_{Ld} の減少は等しいので式 (4.80) と式 (4.85) の和はゼロである。したがって

$$\frac{1}{L_d}V_{in}T_1 + \frac{1}{L_d}\left(V_{in} - V_{out}\frac{n_2}{n_3}\right)T_2 = 0 \tag{4.101}$$

変形して，$V_{out} = V_{in}\dfrac{T_1 + T_2}{T_2}\dfrac{n_3}{n_2}$ \tag{4.102}

なお，前記のようにモード 1 と 3 では，リアクトル L_d に正の電圧が印加されて L_d 電流 i_{Ld} は増加し，L_d にエネルギーが蓄積される。また，モード 2 と 4 では，L_d に負の電圧が印加されて i_{Ld} は減少し，L_d のエネルギーは出力側に伝達される。そこで，モード 1 と 3 を蓄積モード，モード 2 と 4 を伝達モードとそれぞれ呼ぶ。1 周期に占める蓄積モードの割合を α とすると，α は次式

$$\alpha = \frac{T_1}{T_1 + T_2} \tag{4.103}$$

で表される。ただし，$0 < \alpha < 1$ である。式 (4.102) と式 (4.103) より

$$V_{out} = V_{in}\frac{1}{1-\alpha}\frac{n_3}{n_2} \tag{4.104}$$

動作モードと通流率の関係を図 **4.43** に示す。Q_1 と Q_2 のオン・オフの周期を T とすると，$T_1 + T_2 = \dfrac{T}{2}$ より，蓄積モードの時間は

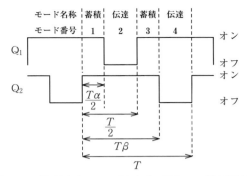

図 4.43 電流型プッシュプル方式の動作モードと通流率

$$T_1 = \frac{T\alpha}{2} \tag{4.105}$$

また,Q_1,Q_2 の通流率を β とすると,$T\beta = \frac{T}{2} + \frac{T\alpha}{2}$ より

$$\alpha = 2\beta - 1 \tag{4.106}$$

式 (4.104) に代入すると

$$V_\text{out} = V_\text{in} \frac{1}{1-\beta} \frac{1}{2} \frac{n_3}{n_2} \quad (\text{ただし } 0.5 < \beta < 1) \tag{4.107}$$

(3) 入力電流とリアクトル電流

リアクトル電流 i_{Ld} には,図 4.42 のように高周波のリプル成分が存在する。そこで高周波ノイズを抑制するために,通常は図 4.40 のように L_f と C_f で構成されるローパスフィルタを設け,入力電流 I_in をリプルのない完全な直流電流とする。C_f の平均電流は 0 A なので i_{Ld} の平均電流は I_in に等しい。I_in と i_{Ld} には次式が成立する。なお,η を DC/DC コンバータの電力変換効率とする。

$$I_\text{in} = i_{Ld} \text{ の平均値} = \frac{V_\text{out} I_\text{out}}{V_\text{in} \eta} \tag{4.108}$$

(4) 偏磁発生時の動作

4.3.1 項 (5) と 4.3.4 項 (1) で示したように,電圧型のフルブリッジ方式とプッシュプル方式の DC/DC コンバータでは,偏磁が発生すると変圧器の励磁電流が正方向または負方向に限りなく増加し,スイッチ素子の破損を招くことがある。しかし,電流型の DC/DC コンバータでは入力部のリアクトル L_d により,

変圧器に偏磁が発生してもスイッチ素子の電流が限りなく増加することはない。

4.4.2 項 (1) で示したように，スイッチ素子 Q_1 と Q_2 の電流はモード 2 とモード 4 では 0 または i_{Ld} であり，励磁電流には無関係である。モード 1 とモード 3 では $\frac{1}{2}(i_{Ld}+i_m)$ または $\frac{1}{2}(i_{Ld}-i_m)$ である。したがって，励磁電流の影響を受け，正方向に偏磁した場合は，図 4.44 に示すように i_{Q1} より i_{Q2} が大となる。整流ダイオード D_3 と D_4 の電流は $(i_{Ld}-i_m)\frac{n_2}{n_3}$ なので励磁電流の影響を受け，正方向に偏磁した場合は図 4.44 に示すように i_{D3} より i_{D4} が大きくなる。

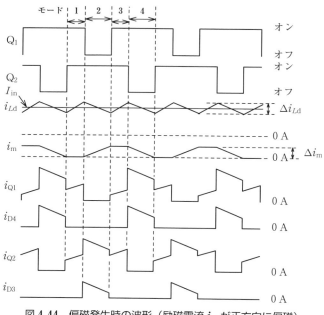

図 4.44　偏磁発生時の波形（励磁電流 i_m が正方向に偏磁）

このように，電流型 DC/DC コンバータでは電圧型とは異なり，偏磁発生時に急激に大きな電流が流れることはないが，電流のアンバランスが生じるので，やはり対策は必要である。

4.4.3　電流型フルブリッジ方式 DC/DC コンバータ

(1)　電流型フルブリッジ方式の基本動作

電流型フルブリッジ方式の回路構成と各部の記号を図 4.45 に示す。電圧と電流は矢印の方向をそれぞれ正の方向と定義する。C_f と L_f は高周波電流流出防止

4.4 電流型 DC/DC コンバータ　103

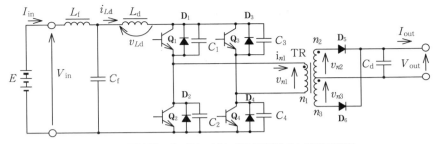

図 4.45　電流型フルブリッジ方式の回路構成と各部の記号

用のローパスフィルタである。図 4.46 に電流型フルブリッジ方式の動作モードと通流率を示す。Q_2 と Q_3 および Q_1 と Q_4 は同時にオン・オフする。この図はプッシュプル方式の図 4.43 において Q_1 を Q_2Q_3 に，Q_2 を Q_1Q_4 に，それぞれ置き換えたものに等しい。したがって，フルブリッジ方式もプッシュプル方式と同様に四つの動作モードを有し，蓄積モードと伝達モードを交互に繰り返す。

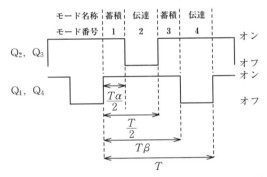

図 4.46　電流型フルブリッジ方式の動作モードと通流率

図 4.47 に電流型フルブリッジ方式の動作モードと電流径路を示す。図 4.48 に主要波形を示すが，図 4.42 で示したプッシュプル方式の波形とおおむね一致する。以下に各動作モードの概要を示すが，4.4.2 項（1）で示したプッシュプル方式と共通の内容が多い。リアクトル L_d の電圧・電流の式は双方共通なので，出力電圧の式もプッシュプル方式と同じく式（4.104）と式（4.107）で与えられる。

＜モード 1：Q_1～Q_4 すべてオン＞　蓄積モード　　Q_1～Q_4 がすべてオンしているのでリアクトル L_d は右側の端子がグランドに短絡された状態となり，電源電圧 V_{in} が印加される。L_d 電流 i_{Ld} は直線的に増加する。i_{Ld} の増加量 Δi_{Ld} はプ

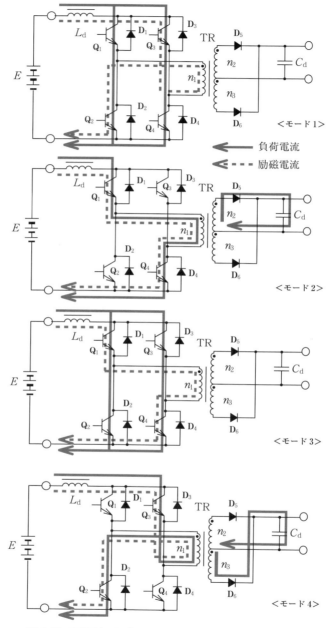

図 4.47　電流型フルブリッジ方式の動作モードと電流径路

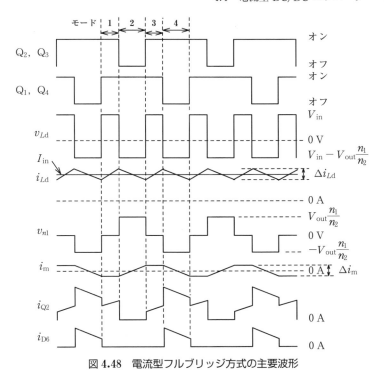

図 **4.48** 電流型フルブリッジ方式の主要波形

ッシュプル方式と同じく式 (4.80) で与えられる。変圧器の電圧はゼロなので励磁電流 i_m の大きさは変化しない。スイッチ素子の各電流は次式で与えられる。

$$i_{Q2} = i_{Q3} = \frac{1}{2}(i_{Ld} - i_\mathrm{m}) + i_\mathrm{m} = \frac{1}{2}(i_{Ld} + i_\mathrm{m}) \tag{4.109}$$

$$i_{Q1} = i_{Q4} = \frac{1}{2}(i_{Ld} - i_\mathrm{m}) \tag{4.110}$$

Q_2 と Q_3 がターンオフしてモード 2 へ移行する。

＜モード 2：Q_1,Q_4 オン，Q_2,Q_3 オフ＞ 伝達モード　L_d が電流源として動作し，「$L_\mathrm{d} \rightarrow Q_1 \rightarrow n_1 \rightarrow Q_4 \rightarrow E \rightarrow L_\mathrm{d}$」の径路で電流が流れる。この電流に対応してトランスの 2 次側に「$n_2 \rightarrow D_5$」の方向へ電流が流れる。n_1 巻線電圧 v_{n1} はプッシュプル方式の式 (4.83) と同様に導出され，$V_\mathrm{out}\frac{n_1}{n_2}$ となる。v_{Ld}，Δi_{Ld}，Δi_m の式もそれぞれプッシュプル方式の式 (4.84)～式 (4.86) と同様に導出され，$V_\mathrm{in} - V_\mathrm{out}\frac{n_1}{n_2}$，$\frac{1}{L_\mathrm{d}}\left(V_\mathrm{in} - V_\mathrm{out}\frac{n_1}{n_2}\right)T_2$，$\frac{1}{L_\mathrm{m}}V_\mathrm{out}\frac{n_1}{n_2}T_2$ となる。スイッチ素子と整流ダイオードの電流は次式で与えられる。

$$i_{Q1} = i_{Q4} = i_{Ld} \tag{4.111}$$

$$i_{D5} = (i_{Ld} - i_m)\frac{n_1}{n_2} \tag{4.112}$$

$$i_{Q2} = i_{Q3} = i_{D6} = 0 \tag{4.113}$$

Q_2 と Q_3 がターンオンしてモード 3 へ移行する。

＜モード 3：Q_1〜Q_4 すべてオン＞ 蓄積モード　モード 1 と同様に，L_d には電源電圧 V_{in} が印加され，i_{Ld} は増加する。増加量はモード 1 と同じである。変圧器の巻線電圧はゼロなので励磁電流は変化せず，モード 2 終了時と同じ値で流れ続ける。スイッチ素子の各電流は次式で与えられる。

$$i_{Q1} = i_{Q4} = \frac{1}{2}(i_{Ld} - i_m) + i_m = \frac{1}{2}(i_{Ld} + i_m) \tag{4.114}$$

$$i_{Q2} = i_{Q3} = \frac{1}{2}(i_{Ld} - i_m) \tag{4.115}$$

Q_1 と Q_4 がターンオフしてモード 4 へ移行する。

＜モード 4：Q_2, Q_3 オン，Q_1, Q_4 オフ＞伝達モード　L_d が電流源として動作し，「$L_d \to Q_3 \to n_1 \to Q_2 \to E \to L_d$」の径路で電流が流れる。この電流に対応してトランスの 2 次側に「$n_3 \to D_6$」の方向へ電流が流れる。n_1 巻線電圧 v_{n1} はプッシュプル方式の式 (4.95) と同様に導出され，$-V_{out}\frac{n_1}{n_3}$ となる。v_{Ld}, Δi_{Ld}, Δi_m の式はそれぞれプッシュプル方式の式 (4.84)，式 (4.85)，式 (4.96) と同様に導出され，$V_{in} - V_{out}\frac{n_1}{n_3}$, $\frac{1}{L_d}\left(V_{in} - V_{out}\frac{n_1}{n_3}\right)T_4$, $\frac{1}{L_m}V_{out}\frac{n_1}{n_3}T_4$ となる。スイッチ素子と整流ダイオードの各電流は次式で与えられる。

$$i_{Q2} = i_{Q3} = i_{Ld} \tag{4.116}$$

$$i_{D6} = (i_{Ld} - i_m)\frac{n_1}{n_3} \tag{4.117}$$

$$i_{Q1} = i_{Q4} = i_{D5} = 0 \tag{4.118}$$

Q_1 と Q_4 がターンオンしてモード 1 へ移行する。

(2) 漏れインダクタンスとサージ電圧

電流型 DC/DC コンバータは電圧型と比較して，変圧器の漏れインダクタンスの影響に大きな相違がある。電圧型フルブリッジ方式 DC/DC コンバータでは，漏れインダクタンスに蓄積されたエネルギーが電源に回生されることを 4.3.1 項

(3) で説明した。電流型ではこのような動作ができず，漏れインダクタンスの影響でスイッチ素子に大きなサージ電圧が発生する。サージ電圧の発生メカニズムは次のとおりである。

図 4.49 に漏れインダクタンスを考慮した動作モードを示す。この動作には励磁電流はほとんど影響しないので無視している。C_1〜C_4 は Q_1〜Q_4 の出力容量とスナバコンデンサの容量を加算したものである。L_l は変圧器の漏れインダクタンスである。モード 1 とモード 2 は図 4.47 で示した動作モードと同じである。

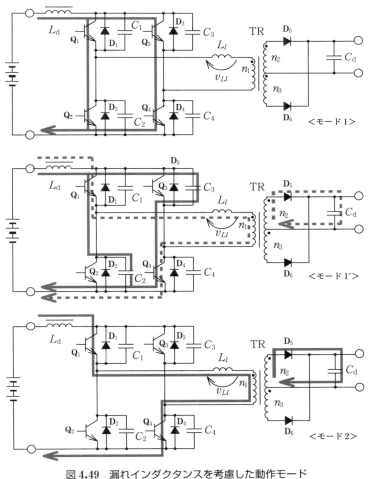

図 4.49　漏れインダクタンスを考慮した動作モード

漏れインダクタンスがなければ，Q_2 と Q_3 のターンオフと同時にモード1からモード2に瞬時に移行し，変圧器の1次巻線電流 i_{n1} は瞬時に I_{Ld} となる。なお，I_{Ld} は Q_2 と Q_3 のターンオフ直前の L_d 電流である。しかし，漏れインダクタンス L_l が無視できない場合は，L_l の電流を I_{Ld} まで増加させるには有限の時間が必要であり，その間，図 4.49 のモード 1' に示すように，「$C_3 \to Q_4$」および「$Q_1 \to C_2$」の径路で電流が流れて C_2 と C_3 が充電される。L_l および I_{Ld} が大きいと C_2 と C_3 は高い電圧に充電され，これが Q_2 と Q_3 のサージ電圧となる。

モード 1' は図 **4.50**(a) の等価回路で表される。リアクトル L_d は定電流源 I_{Ld} と考えられる。平滑コンデンサ C_d は電圧 V_{out}' の定電圧源とみなしている。V_{out}' は出力電圧 V_{out} を 1 次側に換算した電圧であり，次式で与えられる。

$$V_{\text{out}}' = \frac{n_1}{n_2} V_{\text{out}} \tag{4.119}$$

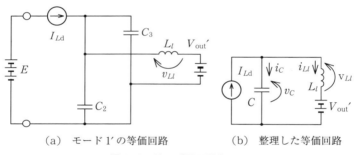

(a) モード 1' の等価回路   (b) 整理した等価回路

図 **4.50** サージ電圧発生原理

C_2 と C_3 は並列なので合計して C とし，動作に影響しない電源 E は無視し，整理すると図 4.50(b) となる。v_C と i_{Ll} の初期値は 0 である。この図から次の動作が確認できる。

① モード 1' 開始と同時に $i_C = I_{Ld}$ となり，v_C は増加する。
② v_C が V_{out}' を超えると i_{Ll} が流れ始める。
③ i_{Ll} は徐々に増加し，I_{Ld} に等しくなると i_C は 0 となる。このとき v_C すなわちスイッチ素子のサージ電圧はピーク値となる。
④ その後，C と L_l の共振状態となり，v_C, i_C, v_{Ll}, i_{Ll} は振動する。
⑤ やがて回路の抵抗成分で C と L_l のエネルギーが消費され，次の状態で整定する。

$$v_C = V_{\text{out}}' \tag{4.120}$$

$$i_{Ll} = I_{Ld} \tag{4.121}$$

この整定した状態がすなわちモード 2 である．上記 ② と ③ の期間では次式が成立し，v_C のピーク値が求められる．

$$v_C(t) = \frac{1}{C}\int_0^t i_C(\tau)d\tau \tag{4.122}$$

$$v_{Ll}(t) = v_C(t) - V_{\text{out}}' \tag{4.123}$$

$$i_{Ll}(t) = \frac{1}{L_i}\int_0^t v_{Ll}(\tau)d\tau \tag{4.124}$$

$$i_C(t) + i_{Ll}(t) = I_{Ld} \tag{4.125}$$

なお，$v_C(0) = V_{\text{out}}'$，$i_C(0) = I_{Ld}$，$i_{Ll}(0) = v_{Ll}(0) = 0$ である．

漏れインダクタンスによるスイッチ素子のサージ電圧の発生は，電流型 DC/DC コンバータに共通の現象であり，プッシュプル方式においても同様のメカニズムで発生する．

4.5　双方向 DC/DC コンバータ

4.5.1　双方向 DC/DC コンバータの概要

双方向 DC/DC コンバータを必要とするシステムの例を図 4.51 に示す．直流モータの速度制御には，モータに与える電圧を変化させる必要があるので，図 (a) のように電池の電圧を DC/DC コンバータで昇圧または降圧しなければならない．

直流モータが回生動作を行うときは，回転速度で変化する直流モータの発電電

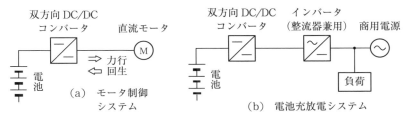

図 4.51　双方向 DC/DC コンバータを必要とするシステム

圧を，DC/DC コンバータで適切な電圧に昇圧または降圧して電池を充電しなければならない。したがって，DC/DC コンバータは電池からモータあるいはモータから電池の双方向の電力制御を実施する。このような DC/DC コンバータは双方向 DC/DC コンバータと呼ばれる。

他の例を図(b)に示す。電池が放電する場合は DC/DC コンバータで電池電圧を昇圧してインバータに供給し，インバータで交流に変換する。充電する場合はインバータを整流器として動作させ，商用電源の交流電圧を直流電圧に変換する。さらに，直流電圧を DC/DC コンバータで適切な電圧に制御して電池を充電する。

安価な深夜電力を利用する設備や，非常用電源設備などに図(b)のシステムが使用される。

4.5.2 「昇圧チョッパ・降圧チョッパ方式」双方向 DC/DC コンバータ

最も広く用いられている双方向 DC/DC コンバータを図 4.52 に示す。昇圧チョッパと降圧チョッパを足し合わせて構成するので，「**昇圧チョッパ・降圧チョッパ方式**」と呼ぶ。図(a)の C_1, L_1, C_2 を図(b)の C_1, L_1, C_2 と兼用し，図(a)の Q_1 と図(b)の D_1, および図(a)の D_2 と図(b)の Q_2 をそれぞれ並列接

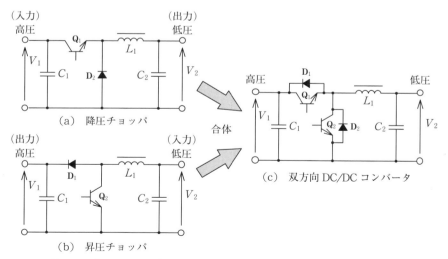

図 4.52 「昇圧チョッパ・降圧チョッパ方式」双方向 DC/DC コンバータ

続すると，図 (c) の双方向 DC/DC コンバータが構成される。図 (c) において，Q_2 を常時オフ，Q_1 をスイッチング動作させると図 (a) の降圧チョッパと同じ動作となる。逆に Q_1 を常時オフ，Q_2 をスイッチング動作させると図 (b) の昇圧チョッパと同じ動作となる。降圧チョッパ動作では V_1 が入力，V_2 が出力となり，逆に昇圧チョッパ動作では V_2 が入力，V_1 が出力となる。必ず $V_1 > V_2$ でなければならない。

上記の動作では Q_1，Q_2 のどちらかが常時オフであるが，Q_1，Q_2 に FET を用いて図 4.53 のように交互にオン・オフ動作させると，FET を同期整流素子として使用できる。

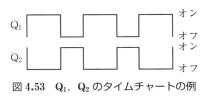

図 4.53　Q_1，Q_2 のタイムチャートの例

4.5.3 「電圧型・電流型方式」双方向 DC/DC コンバータ

4.4 節で説明したように，降圧チョッパに変圧器を組み込めば電圧型 DC/DC コンバータとなり，昇圧チョッパに変圧器を組み込めば電流型 DC/DC コンバータとなる。したがって，「昇圧チョッパ・降圧チョッパ方式」と同様に，電圧型 DC/DC コンバータと電流型 DC/DC コンバータを加え合わせれば，絶縁型の双方向 DC/DC コンバータを構成できる。このような双方向 DC/DC コンバータを「電圧型・電流型方式」と呼ぶことにする。

図 4.54 に電圧型プッシュプル方式と電流型プッシュプル方式を加え合わせた例を示す。図 (a) の電圧型と図 (b) の電流型の C_1，TR_1，L_1，C_2 を共通部品とし，図 (a) の Q_1, Q_2, D_3, D_4 をそれぞれ図 (b) の D_1, D_2, Q_3, Q_4 と並列接続すれば，図 (c) の電圧型・電流型プッシュプル方式双方向 DC/DC コンバータが構成される。

Q_1, Q_2 をスイッチング動作させ，Q_3, Q_4 を常時オフとすれば図 (a) の電圧型と同じ動作となり，逆に Q_3, Q_4 をスイッチング動作させ，Q_1, Q_2 を常時オフとすれば図 (b) の電流型と同じ動作となる。電圧型動作のときは V_1 が入力，V_2 が出力となり，電流型動作のときは V_2 が入力，V_1 が出力となる。

112   4章   DC/DC コンバータの主要な回路方式

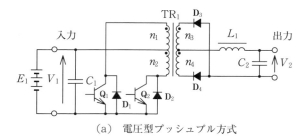

(a) 電圧型プッシュプル方式

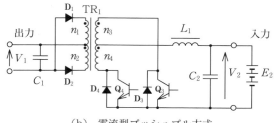

(b) 電流型プッシュプル方式

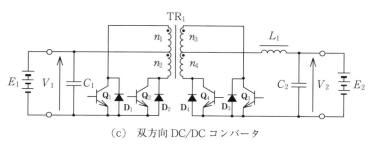

(c) 双方向 DC/DC コンバータ

図 4.54 「電圧型・電流型プッシュプル方式」双方向 DC/DC コンバータ

4.3 節と 4.4 節で説明したように，電圧型 DC/DC コンバータ，電流型 DC/DC コンバータともに各種の回路方式があるが，組み合わせは任意に選ぶことができる．図 4.55 に 3 種類の組合せを示す．通常，高電圧側に電圧型，低電圧側に電流型を使用する．

電圧型は高電圧に適したハーフブリッジ方式，電流型は低電圧に適したプッシュプル方式が使用されることが多い．容量が大きい場合はフルブリッジ方式を使用する．

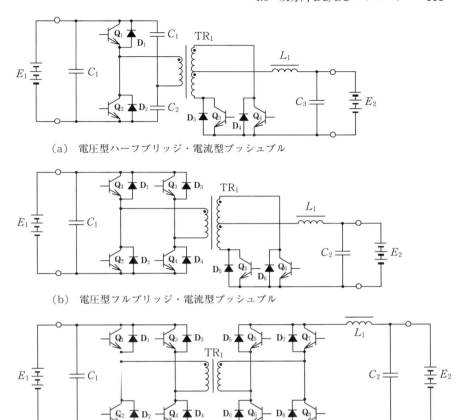

(a) 電圧型ハーフブリッジ・電流型プッシュプル

(b) 電圧型フルブリッジ・電流型プッシュプル

(c) 電圧型フルブリッジ・電流型フルブリッジ

図 4.55 各種「電圧型・電流型方式」双方向 DC/DC コンバータ

4.5.4 昇降圧チョッパ方式双方向 DC/DC コンバータ

図 4.52(c) の昇圧チョッパ・降圧チョッパ方式は広く用いられているが，二つの電圧 V_1 と V_2 の間に $V_1 > V_2$ という制約がある。したがって，V_1 または V_2 の変動範囲が広く，両者の大小関係が入れ替わるような用途では使用できない。そのような用途には図 4.56 の昇降圧チョッパを用いた回路方式で対応できる[9]。図 4.56(a) と (b) はともに昇降圧チョッパである。ただし，図 (a) は V_1 を入力 V_2 を出力としており，図 (b) はその逆である。図 (a) と (b) において C_1, L_1, C_2 を共通部品とし，図 (a) の Q_1 と図 (b) の D_1，および図 (a) の D_2 と

114　4章　DC/DCコンバータの主要な回路方式

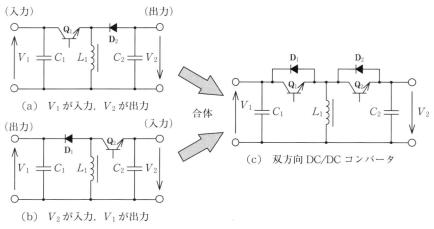

図 4.56　昇降圧チョッパを用いた双方向 DC/DC コンバータ

図(b)の Q_2 をそれぞれ並列接続すれば，図(c)の回路が構成される。図(c)において Q_1 をスイッチング動作させ，Q_2 を常時オフとすれば図(a)と同じ動作となり，逆に Q_2 をスイッチング動作させ，Q_1 を常時オフとすれば図(b)と同

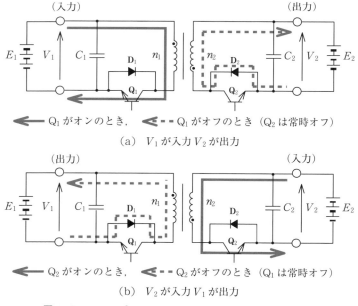

図 4.57　フライバックトランス方式の回路構成と電流径路

じ動作となる。元の回路が昇降圧チョッパなので V_1 と V_2 の大小関係は自由に選ぶことができる。また，昇圧チョッパ・降圧チョッパ方式と同様に，Q_1, Q_2 にFETを用いて図4.53のタイムチャートで動作させると同期整流を実現することができる。

2.2節で示したように，昇降圧チョッパに変圧器を挿入すれば，フライバックトランス方式DC/DCコンバータとなる。同様に，図4.56(c) の L_1 を変圧器の励磁インダクタンスで代用すれば，**図4.57** のフライバックトランス方式双方向DC/DCコンバータとなる。図(a) は電力の流れが V_1 から V_2 のときの動作であり，Q_1 をスイッチング動作させ，Q_2 は常時オフさせている。図(b) は電力の流れが V_2 から V_1 のときの動作であり，Q_2 をスイッチング動作させ，Q_1 は常時オフさせている。

4.5.5　多機能チョッパを用いた双方向DC/DCコンバータ[9]

昇圧チョッパや降圧チョッパなど，さまざまなチョッパ回路の動作を実現できる回路方式として4.1.5項で多機能チョッパを紹介した。**図4.58**(a) は V_1 を入力，V_2 を出力とした多機能チョッパであり，図(b) は V_2 を入力，V_1 を出力とした多機能チョッパである。C_1, L_1, C_2 を共通部品として両者を加え合わせると図(c) の双方向多機能チョッパが構成される。この回路はさまざまな動作が可能であるが，図(c) では V_1 を入力，V_2 を出力として，降圧チョッパの動作を実現しているときの電流径路を示している。Q_1 がオンのときは太実線の径路で電流が流れ，Q_1 がオフのときは太点線の径路で電流が流れる。このとき，Q_2, Q_3, Q_4 は常時オフである。

4.5.6　「SEPIC・ZETA方式」双方向DC/DCコンバータ[10]

昇圧チョッパと降圧チョッパを足し合わせて「昇圧チョッパ・降圧チョッパ方式」が生まれたように，SEPICコンバータとZETAコンバータを足し合わせると「**SEPIC・ZETA方式**」双方向DC/DCコンバータが生まれる。**図4.59**(a) がSEPICコンバータ，図(b) がZETAコンバータである。C_1, L_1, C_2, L_2, C_3 を共通部品として両者を足し合わせると，図(c) の双方向DC/DCコンバータとなる。

SEPICコンバータとZETAコンバータは4.1節で説明したように昇圧も降圧

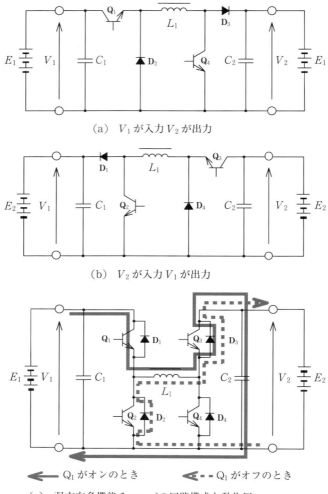

(a) V_1 が入力 V_2 が出力

(b) V_2 が入力 V_1 が出力

(c) 双方向多機能チョッパの回路構成と動作例

図 4.58 双方向多機能チョッパ

も可能なので，SEPIC・ZETA 方式は昇降圧チョッパ方式と同様に入出力の大小関係を自由に選ぶことができる．ただし，昇降圧チョッパ方式のような入出力の極性反転が生じることはなく，さらに，同じく大小関係を自由に選べる双方向多機能チョッパ方式より経済性に優れている．

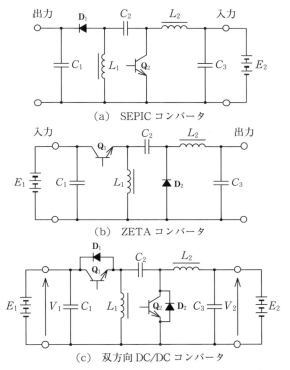

図 4.59 「SEPIC・ZETA 方式」双方向 DC/DC コンバータ

絶縁型 SEPIC・ZETA 方式を図 4.60 に示す。図 4.59(c) においてリアクトル L_1 を変圧器の励磁インダクタンスで代用している。

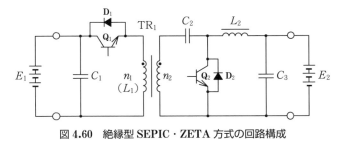

図 4.60 絶縁型 SEPIC・ZETA 方式の回路構成

電気エネルギーの特徴

電気エネルギーを物理の世界のエネルギーや人の消費するエネルギーと比較するとその特徴がよく理解できる。電気エネルギーは大変ハイパワーでしかも安価である。以下に三つの比較例を示す。

1. 水力発電に必要な水の量　$1\,\mathrm{kW \cdot h}$ の発電に必要な水の量を計算する。なお，$1\,\mathrm{kW \cdot h}$ の電気料金は家庭用で 20 円程度である。

$$\text{電気エネルギー}\quad W_1 = 1\,\mathrm{kW \cdot h} = 3\,600\,\mathrm{kW \cdot s} = 3\,600\,\mathrm{kJ}$$

$$\text{水の位置エネルギー}\quad W_2 = mgh\,[\mathrm{J}]$$

$m\,[\mathrm{kg}]$ の水を $100\,\mathrm{m}$ の高さから落下させるとすると，$W_1 = W_2$ より

$$m \times 9.8 \times 100 = 3600 \times 10^3$$

$$\therefore m = 3\,670\,\mathrm{kg} = 3.67\,\text{トン}$$

20 円程度の発電のために $100\,\mathrm{m}$ の高さで 3.67 トンもの水が必要である。

2. 地震のエネルギーと電気エネルギーの比較　日本における 1 年間の発電エネルギーとマグニチュード 9.0 の地震のエネルギーを比較する。日本の 1 年間の総発電電力量は 9 300 億 $\mathrm{kW \cdot h}$ とする（2013 年度の実績は 9 397 億 $\mathrm{kW \cdot h}$）。

$$\text{発電エネルギー} = 9\,300\,\text{億}\,\mathrm{kW \cdot h} = 9\,300\,\text{億} \times 3\,600\,\mathrm{kW \cdot s}$$

$$= 3.4 \times 10^{15}\,[\mathrm{kJ}]$$

$$\text{地震のエネルギー} = 63 \times 10^{1.5M}\,[\mathrm{kJ}]$$

M はマグニチュードで，$M = 9.0$ を代入すると，地震のエネルギーは $2.0 \times 10^{15}\,[\mathrm{kJ}]$。したがって，日本で 1 年間に作られている電気エネルギーはマグニチュード 9.0 の巨大地震のエネルギーより大きいのである。

3. 人の摂取エネルギーと電気エネルギーの比較　人が 1 日に摂取するエネルギー（熱量）は $2\,000\,\mathrm{kcal}$ 程度である。同じエネルギーの電力量に換算すると次のようになる。

$$2\,000\,\mathrm{kcal} = 4.2 \times 2\,000\,\mathrm{kJ} = 4.2 \times 2\,000 \div 3\,600\,\mathrm{kW \cdot h}$$

$$= 2.3\,\mathrm{kW \cdot h}$$

電気料金を $20\,\text{円}/\mathrm{kW \cdot h}$ とするとこのエネルギーは 46 円である。将来ロボットが人間と同じエネルギーで同じ仕事ができるようになるなら，ロボットの

食費（電気料金）はずいぶん安くてよいことになる。

章末問題

<問題 4.1> 降圧チョッパ，昇圧チョッパと同様の手順に従って，図 4.5 の昇降圧チョッパの波形図を描け。

<問題 4.2> 次の問に答えよ。
(1) SEPIC コンバータの例にならって ZETA コンバータの C_1 電圧および出力電圧 V_out を与える式を導出せよ。
(2) SEPIC コンバータの例にならって ZETA コンバータの回路各部の理論波形を導出せよ。

<問題 4.3> 次の問に答えよ。
(1) SEPIC コンバータの例にならって Cuk コンバータの C_1 電圧および出力電圧 V_out を与える式を導出せよ。
(2) SEPIC コンバータの例にならって Cuk コンバータの回路各部の理論波形を導出せよ。

<問題 4.4> フルブリッジ方式 DC/DC コンバータ（図 4.16）を次の条件で動作させている：$V_\text{in} = 300$ V，$V_\text{out} = 48$ V，$I_\text{out} = 20$ A，$n_1 : n_2 : n_3 = 5 : 1 : 1$，$L_\text{d} = 100$ μH，励磁インダクタンス $L_m = 3.0$ mH，スイッチ素子の動作周波数 20 kHz。次の値を求めよ：(1)$Q_1 \sim Q_4$ の通流率 α，(2)L_d 電流 i_{Ld} の平均値 I_{Ld} とリプル電流 Δi_{Ld}，(3) 励磁電流 i_m のピーク値 I_mpeak，(4)D_5, D_6 印加電圧 V_D，(5)n_2 と n_3 巻線電流の実効値 I_n2rms，(6)n_1 巻線電流の実効値 I_n1rms
なお，回路の電力損失は無視してよい。

<問題 4.5> フルブリッジ方式の例に習って，ハーフブリッジ方式（図 4.27）の出力電圧 V_out が次式で与えられることを証明せよ。
$$V_\text{out} = V_\text{in} \frac{n_2}{n_1} \alpha$$

<問題 4.6> フルブリッジ方式の例にならって，プッシュプル方式（図 4.32）の出力電圧 V_out が次式で与えられることを証明せよ。
$$V_\text{out} = 2 \frac{n_2}{n_1} V_\text{in} \alpha$$

<問題 4.7> 図 4.35(b) の両波整流回路において，n_2 巻線電流の実効値 I_2rms が表

4.8 のように $I_\text{out} \dfrac{\sqrt{1+2\alpha}}{2}$ で与えられることを証明せよ。

<問題 4.8> 図 4.35(c) の倍電流整流回路において，図 4.36 の n_2 巻線電圧が V_2 のとき，$-V_2$ のときと 0 のとき，それぞれの電流径路を示せ。

<問題 4.9> 電流型プッシュプル方式 DC/DC コンバータ（図 4.40）を次の条件で動作させている：$V_\text{in} = 24\,\text{V}$，$V_\text{out} = 340\,\text{V}$，$I_\text{out} = 10\,\text{A}$，$n_1 : n_2 : n_3 : n_4 = 1 : 1 : 10 : 10$，$L_\text{d} = 20\,\text{μH}$，励磁インダクタンス $L_\text{m} = 300\,\text{μH}$，スイッチ素子の動作周波数 20 kHz。

次の値を求めよ：(1) 蓄積モードの割合 α，(2) Q_1 と Q_2 の通流率 β，(3) L_d 電流 i_{Ld} の平均値 I_{Ld} とリプル電流 Δi_{Ld}，(4) 励磁電流 i_m のピーク値 I_mpeak，(5) D_3 と D_4 の印加電圧 V_D，(6) Q_1 と Q_2 の印加電圧 V_Q，(7) n_1 と n_2 巻線電流の実効値 $I_{n1\text{rms}}$，(8) n_3 と n_4 巻線電流の実効値 $I_{n3\text{rms}}$

なお，回路の電力損失は無視してよい。

<問題 4.10> 図 4.58(c) に示す双方向多機能チョッパの回路構成と動作例において，V_2 を入力，V_1 を出力として，昇圧チョッパとして動作しているときの電流径路を示せ。

5章 ソフトスイッチング技術

ソフトスイッチングはリアクトルとコンデンサの共振を利用して，スイッチ素子の電圧と電流の変化を緩やかにし，ソフトにスイッチングする技術である。スイッチング損失と高周波ノイズの抑制を期待できる。ソフトスイッチングにはいろいろな方式があるが，近年では部分共振と呼ばれる方式が広く使用されている。本章では，まずソフトスイッチングの種類と原理を説明し，次に部分共振の代表的な5種類の回路方式を説明する。

5.1 スイッチング損失

2.1.2項で説明したように，DC/DCコンバータは半導体をスイッチとして使用することにより電力損失を抑制している。スイッチ素子の電圧・電流平面を図5.1に示す。スイッチ素子がオン状態のとき，スイッチ素子の電流iの大きさをI_{on}とする。オン状態なら電圧vはほぼ0Vなので，スイッチ素子の動作点は図のオンの位置にある。オフ状態のとき，スイッチ素子の電圧vの大きさをV_{off}とする。オフ状態なら電流iは0Aなので動作点は図のオフの位置にある。オン

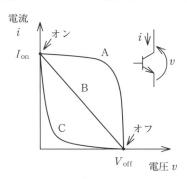

図5.1 スイッチ素子の電圧・電流平面

の位置，またはオフの位置ではスイッチ素子に電力損失はほとんど発生しない。しかし，オン状態からオフ状態に移行するとき（ターンオフ時），およびオフ状態からオン状態に移行するとき（ターンオン時）は，過渡的にスイッチ素子の電圧 v と電流 i がともに有限の値となり，電力損失が発生する。これを**スイッチング損失**という。ターンオフ時とターンオン時のスイッチ素子の電圧・電流波形を図 **5.2** に示す。t_f, t_r はそれぞれターンオフ，ターンオンに要する時間を示している。

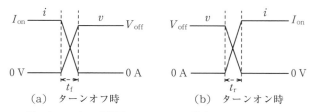

(a) ターンオフ時　　(b) ターンオン時

図 5.2　スイッチ素子のスイッチング時の電圧・電流波形

ターンオフ時に発生するエネルギー損失 W_off は，t_f の期間の v と i の積を積分することにより

$$
\begin{aligned}
W_\mathrm{off} &= \int_0^{t_f} vi\,dt = \int_0^{t_f} \left\{ V_\mathrm{off}\frac{t}{t_f} \times I_\mathrm{on}\left(1-\frac{t}{t_f}\right)\right\}dt \\
&= V_\mathrm{off} I_\mathrm{on} \left\{ \frac{1}{t_f}\left[\frac{1}{2}t^2\right]_0^{t_f} - \frac{1}{t_f^2}\left[\frac{1}{3}t^3\right]_0^{t_f}\right\} \\
&= \frac{1}{6}V_\mathrm{off} I_\mathrm{on} t_f \ [\mathrm{J}]
\end{aligned} \tag{5.1}
$$

のように計算される。動作周波数を f とすると，ターンオフ時の電力損失 P_off は次式で与えられる。

$$
P_\mathrm{off} = W_\mathrm{off} \times f = \frac{1}{6}V_\mathrm{off} I_\mathrm{on} t_f f \ [\mathrm{W}] \tag{5.2}
$$

同様にして，ターンオン時に発生する電力損失 P_on は次式で与えられる。

$$
P_\mathrm{on} = \frac{1}{6}V_\mathrm{off} I_\mathrm{on} t_r f \ [\mathrm{W}] \tag{5.3}
$$

5.2 ソフトスイッチングの種類

次の条件で式 (5.2) を用いて P_{off} を計算すると，動作周波数 f が 20 kHz なら 6.7 W であるが，200 kHz なら 67 W と大きな値になる。

$$条件：V_{\text{off}} = 400 \text{ V}, \ I_{\text{on}} = 10 \text{ A}, \ t_{\text{f}} = 0.5 \text{ μs}$$

したがって，動作周波数を高くするにはスイッチング損失が深刻な問題となり対策が必要である。ソフトスイッチングはそのための手段である。それに対して，スイッチング損失の発生を抑制していない通常のスイッチング方式は**ハードスイッチング**と呼ばれる。

ハードスイッチングとソフトスイッチングにおけるスイッチ素子の電圧・電流波形模式図を**図 5.3** に示す。図 (a) のハードスイッチングでは，ターンオフとターンオンのときに過渡的に電圧 v と電流 i の重なり期間があり，スイッチング損失が発生している。また，ハードスイッチングでは図のように v と i にオーバーシュートが発生することが多く，これをサージ電圧，サージ電流という。図 (b) のソフトスイッチング（**電圧共振**）では，スイッチ素子の近傍にリアクトルとコンデンサを設けて共振させ，スイッチ素子の電圧 v の変化を緩やかにしている。その結果，ターンオン時とターンオフ時の v と i の重なりを解消して，スイ

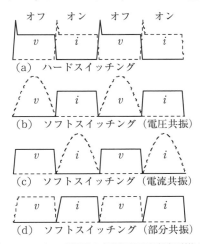

図 5.3　スイッチ素子の各種電圧電流波形模式図

ッチング損失を抑制している．図(c)のソフトスイッチング（**電流共振**）では，共振を用いてスイッチ素子の電流 i の変化を緩やかにして，スイッチング損失を抑制している．図(d)のソフトスイッチング（**部分共振**）では，スイッチングの瞬間だけ部分的に共振現象を発生させる，という手法を用いて電圧と電流の重なりをなくしている．

図(b)ではスイッチ素子の電圧 v の変化が緩やかなので，スイッチ素子のターンオンおよびターンオフ時の電圧 v はほぼ 0 V である．このようなスイッチングは **ZVS**（Zero Voltage Switching：ゼロ電圧スイッチング）と呼ばれる．一方，図(c)ではスイッチ素子の電流 i の変化が緩やかなので，スイッチ素子のターンオンおよびターンオフ時の電流 i はほぼ 0 A である．このようなスイッチングは **ZCS**（Zero Current Switching：ゼロ電流スイッチング）と呼ばれる．ZVS または ZCS を実現していることは，ソフトスイッチング成立の必要条件である．

5.3 ソフトスイッチングの定義

図 5.3(b)の電圧共振と図(c)の電流共振では，電圧または電流が共振現象の結果正弦波状に緩やかに変化しているので，ZVS または ZCS が成立しており，ソフトスイッチングを実現していることは明かである．図(d)の部分共振では波形が図(a)のハードスイッチングと類似しており，ソフトスイッチングを実現しているか否か不明確である場合も多い．そこで電気学会では図 5.1 のスイッチ素子の電圧・電流平面を使ってソフトスイッチングを明確に定義している[11]．電圧・電流平面において，スイッチ素子ターンオン時は動作点がオフの位置からオンの位置に移動する．ターンオフ時はその逆に移動する．そこで，動作点の移動軌跡が図 5.1 のオンとオフを直線で結んだ B より内側ならソフトスイッチング，外側ならハードスイッチングと定義している．たとえば，軌跡が C ならソフトスイッチング，A ならハードスイッチングである．

電圧・電流波形と動作点移動軌跡の関係を**図 5.4** に示す．図(a)では電圧 v が緩やかに立ち上がっているので，軌跡はオンとオフを結んだ点線より内側にありソフトスイッチングである．図(b)では電圧 v の立ち上がりが急峻であり，軌跡は点線の外側となりハードスイッチングである．図(c)では電圧 v の立ち上がり

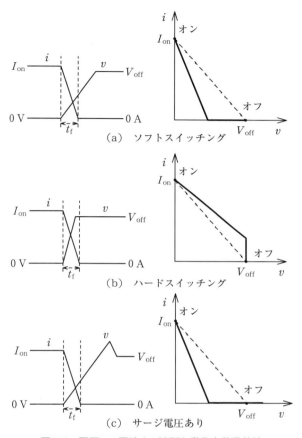

図 5.4 電圧 v・電流 i の波形と動作点移動軌跡

は緩やかであるが,サージ電圧が発生しており動作軌跡は点線を一部外側にはみ出している。ただし,電気学会の定義では多少のサージ電圧は許容している[11]。

スイッチ素子ターンオフ時の電圧・電流波形の実測例を図 5.5 に示す。図 (a) では電流 i が十分減少する前に電圧 v が立ち上がっており,ハードスイッチングである。図 (b) はソフトスイッチング(部分共振)の回路方式の波形であるが,電流 i の立ち下がりに比べて電圧 v は緩やかに立ち上がっており,動作点の移動軌跡は図 5.4(a) のように破線より内側にあることがわかる。ただし,電圧波形には若干のオーバーシュートとその後の振動が見られるが,この程度のオーバーシュートではソフトスイッチングとみなしている。

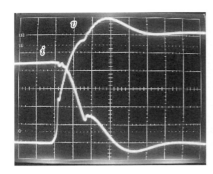 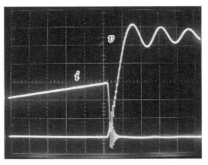

(a) ハードスイッチング　　(b) ソフトスイッチング

電圧：10 V/div　電流：1 A/div　時間：1 μs/div

図 5.5　スイッチ素子ターンオフ時の電圧・電流波形

5.4　電流共振型 DC/DC コンバータ

5.4.1　電流共振型 DC/DC コンバータの概要

電流共振型では ZCS を維持するために，スイッチ素子に電流が流れている期間にスイッチ素子をオン・オフさせることはできない．したがって，出力電圧の制御は図 5.6 に示すように，電流が流れていない T_{off} 期間の長さを調整することによって実現される．その結果，動作周波数が変化する．また，電流波形が正弦波状となるので，方形波の場合と比較してピーク値が大きくなる．電流共振型ではソフトスイッチングを実現できるが，その代償として電流のピーク値が大きくなること，および動作周波数が変化すること，という欠点が生じている．

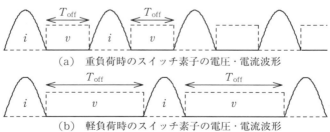

(a) 重負荷時のスイッチ素子の電圧・電流波形

(b) 軽負荷時のスイッチ素子の電圧・電流波形

図 5.6　電流共振型の出力電圧制御方法

5.4.2 電流共振型 DC/DC コンバータの回路例

電流共振型にはさまざまな回路方式がある。その一例である電流共振型ハーフブリッジ方式を図 5.7 に示す[12]。Q_1, Q_2, C_{r1}, C_{r2} でハーフブリッジ回路を構成している。変圧器 TR の 1 次巻線 n_1 と直列に接続されたリアクトル L_r が C_{r1}, C_{r2} と共振して，スイッチ素子 Q_1, Q_2 の電流の変化を緩やかにしている。図 5.8 に動

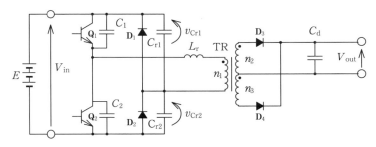

（C_1 と C_2 はそれぞれ Q_1 と Q_2 の寄生容量）

図 5.7　電流共振型ハーフブリッジ方式の回路構成と各部の記号

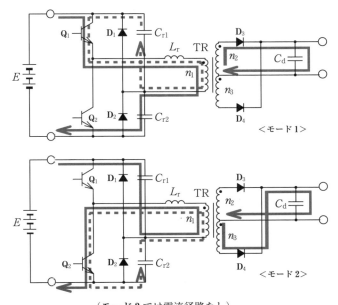

（モード 3 では電流径路なし）

図 5.8　電流共振型ハーフブリッジ方式の電流径路

作モードと電流径路を示す。図 5.9 に共振動作と関係の深い Q_1 と Q_2 の電流波形、および C_{r1} と C_{r2} の電圧波形を示す。これらの波形は図 5.7 の回路を表 5.1 の条件で動作させたときのシミュレーション波形である。各動作モードの概要は次のとおりである。

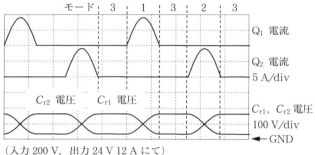

図 5.9 電流共振型ハーフブリッジ方式の主要波形

＜モード 1：Q_1 がオン＞　Q_1 がオンし、太点線の径路で C_{r1} が放電し、太実線の径路で C_{r2} が充電される。なお、この回路では変圧器の励磁電流は基本動作に影響しないので図示していない。C_{r1} と C_{r2} の静電容量を C_r とすると次式が成立する。

$$\omega^2 2 C_r L_r = 1$$
$$\therefore T = 2\pi\sqrt{2 C_r L_r} \tag{5.4}$$

なお、ω は共振角周波数、T は共振周期である。共振の半周期が経過し、C_{r1} と C_{r2} の充放電が完了するとモード 3 へ移行する。

＜モード 3：Q_1,Q_2 ともにオフ＞　Q_1 と Q_2 がともにオフしているので電流は流れず、C_{r1} と C_{r2} の電圧は一定である。

＜モード 2：Q_2 がオン＞　Q_2 がオンし、実線の径路で C_{r1} が充電され、点線の径路で C_{r2} が放電している。共振の半周期が経過し、C_{r1} と C_{r2} の充放電が完了するとモード 3 へ移行する。

5.4.3　スイッチ素子の寄生容量の放電に伴う電力損失

上記のように、電流共振型では ZCS を実現しているのでスイッチング時の電流は 0 A であるが、電圧は高い値である。たとえば、図 5.7 の回路では Q_1 が

ターンオンするとき、Q_1 には電源電圧の V_in が印加されており、Q_1 の寄生容量 C_1 は V_in に充電されている。Q_1 のターンオンにより、C_1 に蓄積されていたエネルギーは Q_1 で消費される。そのための電力損失 P は次式で与えられる。

$$P = \frac{1}{2} C_1 V_\text{in}^2 f \tag{5.5}$$

なお、f は動作周波数である。Q_2 も同じ電力損失となる。$C_1 = 1\,000\,\text{pF}$ とし、表 5.1 の動作条件で式 (5.5) を計算すると、Q_1 と Q_2 の電力損失の和は 2.4 W となる。表 5.1 では動作周波数 $f = 60\,\text{kHz}$ であるが、$f = 600\,\text{kHz}$ なら電力損失は 24 W となり無視できない電力損失となる。なお、図 5.9 のシミュレーションでは C_1 と C_2 は無視している。

このように、電流共振型では ZCS は実現できるものの、ZVS は実現できないので、動作周波数が高いときはスイッチ素子の寄生容量の放電に伴う電力損失が無視できない値となる。

5.5 電圧共振型 DC/DC コンバータ

5.5.1 電圧共振型 1 石フォワード方式の基本動作

電圧共振型は 5.2 節で説明したように、L と C の共振現象を用いてスイッチ素子の電圧を緩やかに変化させる回路方式である。電流共振型と同様に、出力電圧の制御のために動作周波数が変化する。また、電流共振型とは逆に、電圧のピーク値は高くなる。

電圧共振型もさまざまな回路方式があるが、一例として 1 石フォワード方式を図 5.10 に示す。スイッチ素子 Q に並列接続されたコンデンサ C_1 と、変圧器 TR

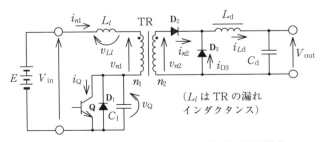

図 5.10　電圧共振型 1 石フォワード方式の回路構成

の励磁インダクタンスが共振してスイッチ素子の電圧変化を緩やかにしている。この回路の基本となる動作モードと電流径路を図 5.11 に示す。各動作モードの概要は次のとおりである。

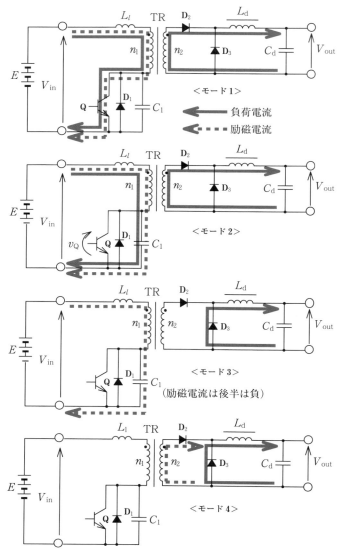

図 5.11　電圧共振型 1 石フォワード方式の基本となる動作モード

<モード1：Qがオン> Qがオンしているので負荷電流と励磁電流がともに n_1 巻線とQを流れる。2次側では負荷電流が n_2 巻線と L_d を流れる。Qがターンオフしてモード2へ移行する。Qのターンオフ時は C_1 電圧（Qの電圧 v_Q）は0Vなので，QのターンオフはZVSである。

<モード2：Qはオフ> QがオフしたのでQを流れていた負荷電流と励磁電流は C_1 に転流する。C_1 の充電に伴いQの電圧 v_Q は上昇する。v_Q が V_{in} を超えるとモード3へ移行する。

<モード3：Qはオフ> $v_Q > V_{in}$ となると，n_1 巻線電圧 v_{n1} は負となるので v_{n2} も負となり，D_2 が逆バイアスされる。その結果，平滑リアクトル L_d の電流は D_2 から D_3 に転流するので，n_2 巻線と n_1 巻線の負荷電流は消失し，C_1 の充電は励磁電流だけで行われる。したがって，この動作モードでは C_1 と変圧器の励磁インダクタンス L_m の共振動作が行われる。共振動作の進行とともに C_1 はやがて充電から放電に転じ，励磁電流は負方向となる。C_1 の放電が進行し，v_Q が V_{in} より小さくなると次のモードへ移行する。

<モード4：Qはオフ> $v_Q < V_{in}$ となると n_1 巻線電圧 v_{n1} は正となるので v_{n2} も正となり，D_2 が順バイアスされる。その結果，D_2 が導通するので，励磁電流は n_1 巻線から n_2 巻線に転流し，C_1 の放電は終了する。この状態でQがターンオンしてモード1へ移行する。したがって，Qがターンオンするときには C_1 電圧は V_{in} より少し低い値であり，0VではないのでZVSは成立しない。

5.5.2 漏れインダクタンスを考慮した動作

上記のように，電圧共振型1石フォワード方式DC/DCコンバータにおいて，基本となる動作モードではQターンオン時のZVSは成立せず，ソフトスイッチング失敗となる。ZVSを成立させるには変圧器の漏れインダクタンス L_l が十分大きな値でなければならない。L_l が無視できない値である場合，図**5.12**に示す四つの動作モードが派生し，1周期の動作は，「モード1 → 2 → 2-1 → 3 → 3-1 → 3-2 → 4-1 → 1」の順序となる。派生した四つの動作モードの概要は以下のとおりである。

<モード2-1：Qはオフ> モード2において $v_{C1} > V_{in}$ となると $v_{n2} < 0$ となり，D_2 が逆バイアスされて n_1 巻線の負荷電流は消失する。しかし，漏れインダクタンス L_l が無視できないときは，L_l のエネルギーが消失するまで負荷電流

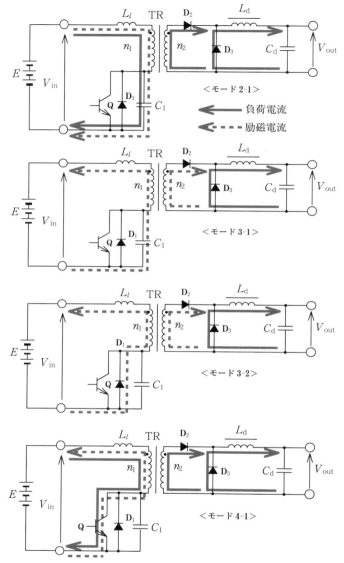

図 5.12 漏れインダクタンスの影響で派生する動作モード

は n_1 巻線を流れ続ける。その結果，D_2 と D_3 の双方が導通状態となるので変圧器の巻線電圧は 0 であり，次式が成立する。

$$v_{n1} = v_{n2} = 0 \tag{5.6}$$

$$v_{Ll} = V_{\text{in}} - v_Q < 0 \tag{5.7}$$

$$i_{n1} = I_0 + \frac{1}{L_l}\int_0^t v_{Ll}(\tau)d\tau + i_{\text{m}} \tag{5.8}$$

$$v_Q = V_{\text{in}} + \frac{1}{C_1}\int_0^t i_{n1}(\tau)d\tau \tag{5.9}$$

$$i_{n2} = \frac{n_1}{n_2}(i_{n1} - i_{\text{m}}) \tag{5.10}$$

$$i_{Ld} = i_{n2} + i_{D3} \tag{5.11}$$

なお，I_0 はモード 2-1 開始時の n_1 巻線を流れる負荷電流，i_{m} は励磁電流である。式 (5.8) に従って i_{n1} は減少し，i_{m} だけとなった時点でこのモードは終了し，モード 3 へ移行する。

<モード 3-1：Q はオフ> モード 3 の後半において v_Q が低下して $v_Q < V_{\text{in}}$ となると，D_2 が順バイアスされて励磁電流が n_1 巻線から n_2 巻線に転流し，C_1 の放電は終了する。しかし，漏れインダクタンス L_l が無視できないときは，L_l のエネルギーが消失するまで励磁電流は n_1 巻線を流れ続ける。D_2 と D_3 の双方が導通するので変圧器の巻線電圧は 0 であり，次式が成立する。

$$v_{n1} = v_{n2} = 0 \tag{5.12}$$

$$v_{Ll} = V_{\text{in}} - v_Q > 0 \tag{5.13}$$

$$i_{n1} = i_{\text{m0}} + \frac{1}{L_l}\int_0^t v_{Ll}(\tau)d\tau \tag{5.14}$$

$$v_Q = V_{\text{in}} + \frac{1}{C_1}\int_0^t i_{n1}(\tau)d\tau \tag{5.15}$$

$$i_{n2} = \frac{n_1}{n_2}(i_{\text{m}} - i_{n1}) \tag{5.16}$$

なお，i_{m0} はモード 3-1 開始時の励磁電流であり，負の値である。v_Q は式 (5.15) に従って減少する。v_Q が 0 となって C_1 の放電が完了するとモード 3-2 へ移行する。なお，この動作モードでは i_{n1} は負の値であるが，式 (5.14) に従って i_{n1} の絶対値 $|i_{n1}|$ は減少する。v_Q が 0 となる前に $|i_{n1}|$ が 0 となれば C_1 の放電は完了できず，ソフトスイッチング失敗となる。

<モード 3-2：Q はオフ> C_1 の放電が完了しても励磁電流は流れ続けるの

で D_1 が導通する。この状態で Q が ZVS でターンオンしてモード 4-1 へ移行する。

＜モード 4-1：Q はオン＞　Q がターンオンしたので負荷電流は n_1 巻線 → Q の径路で流れ始める。しかし，L_l の大きさが無視できないときは，L_l に妨げられて n_1 巻線電流は徐々に増加する。この間 D_2 と D_3 はともに導通し，変圧器の巻線電圧は 0 であり，次式が成立する。

$$v_{n1} = v_{n2} = 0 \tag{5.17}$$

$$v_{Ll} = V_{\text{in}} \tag{5.18}$$

$$i_{n1} = \frac{1}{L_l} \int_0^t v_{Ll}(\tau)d\tau + i_{\text{m}} = \frac{1}{L_l} V_{\text{in}} t + i_{\text{m}} \tag{5.19}$$

$$i_{n2} = \frac{n_1}{n_2} \frac{1}{L_l} V_{\text{in}} t \tag{5.20}$$

$$i_{n2} + i_{D3} = i_{Ld} \tag{5.21}$$

D_3 の電流がすべて D_2 に転流してモード 1 へ移行する。

図 5.10 の回路を**表 5.2** の条件で動作させたときのシミュレーション波形を**図 5.13** に示す。漏れインダクタンス L_l を 40 μH と大きな値にしており，漏れインダクタンスの影響で上記の四つの動作モードが現れている。モード 3-1 で C_1 の放電が完了して ZVS が実現されている。

表 5.2　動作条件

入力	100 V
出力	12 V 10 A
励磁インダクタンス L_{m}	500 μH
L_l	40 μH
C_1	2 000 pF
L_{d}	20 μH
C_{d}	100 μF
$n_1 : n_2$	4 : 1
Q_1 の通流率	0.68
動作周波数	120 kHz

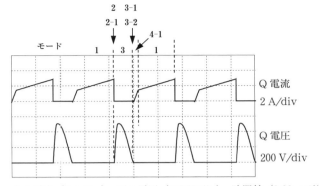

上：電流（2 A/div），下：電圧（200 V/div），時間軸（3.33 μs/div）

図 5.13　電圧共振型 1 石フォワード方式のスイッチ素子 Q の電圧・電流波形

5.6　部分共振型 DC/DC コンバータのソフトスイッチング方法

　部分共振型にはいろいろな方式があるが，広く使用されている方式の動作原理を図 5.14〜5.16 に示す．図 5.14 はターンオフ時の電流径路である．Q がターンオフすると Q を流れていた電流は C に転流し，C の充電に伴って Q の電圧 v が上昇する．このときの電流 i と電圧 v の波形を図 5.15 に示す．C の容量が小さいときは，図 (a) のように電圧 v はすみやかに上昇しハードスイッチングとなる．C の容量が大きいときは，図 (b) のように v は緩やかに増加し，ソフトスイッチングとなる．

　C は Q の寄生容量または外付けコンデンサである．ソフトスイッチングの成

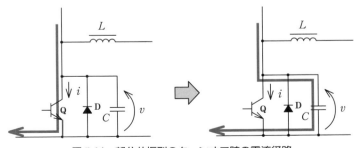

図 5.14　部分共振型のターンオフ時の電流径路

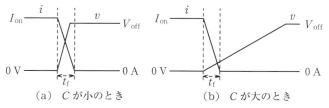

(a) C が小のとき　　(b) C が大のとき

図5.15　C_1 の容量と電圧・電流波形

否と C の容量の関係は I_{on} と V_{off} の大きさ，および電流 i の下降時間 t_f によって決まる。I_{on} が小，V_{off} が大，t_f が小であれば，C の容量は小さくてもソフトスイッチングを実現できる。スイッチ素子にFETを使用すると，t_f は小さく寄生容量は大きいので，外付けのコンデンサを設けなくてもソフトスイッチングを実現できる場合も多い。

　ターンオフ時のソフトスイッチングは，コンデンサ C を設けるだけで容易に実現できる。しかし，その後スイッチ素子がターンオンするときには C をスイッチ素子が短絡することになり，C に蓄積されたエネルギーがすべて電力損失となる。したがって，ターンオンの前に何らかの方法で C の電荷を引き抜き，C の電圧が0になってから Q をターンオンさせる必要がある。その方法を図5.16に示す。

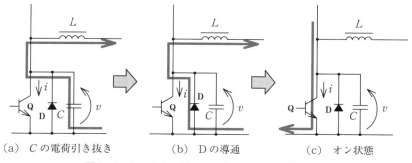

(a) C の電荷引き抜き　　(b) Dの導通　　(c) オン状態

図5.16　ターンオン時のソフトスイッチングの原理

（a）C の電荷引き抜き　　スイッチ素子 Q の近傍にリアクトル L を配置し，Q がターンオンする前に何らかの方法で L に電流を流す。そして，L の定電流機能を使って C の電荷を引き抜く。

（b）D導通　　C の電荷の引き抜きが完了すると L の電流は C からDに転流する。この状態で Q をターンオンさせる。Dの導通時は Q の電圧 v はほぼ0V

であり，QのターンオンはZVSとなる．なお，スイッチ素子QにFETを使用する場合DはFETの寄生ダイオードを利用できる．

（c）オン状態　　やがてLの電流は流れ終わり，通常のオン状態となる．

次節以下で説明する部分共振型の各種回路方式では，それぞれ独自の手法で(a)→(b)→(c)の一連の動作をさせてソフトスイッチングを実現している．

5.7 アクティブクランプ方式1石フォワード型DC/DCコンバータ

5.7.1 概　要

アクティブクランプ方式1石フォワード型DC/DCコンバータの回路構成と各部の記号を図5.17に示す．電圧と電流は矢印の方向をそれぞれ正の方向と定義する．通常の1石フォワード型DC/DCコンバータに対して，Q_2, C_2, D_2から成る補助回路が追加されている．L_lは変圧器TRの漏れインダクタンスである．補助回路とL_lにより，図5.16の部分共振の動作を実現している．C_1はQ_1の寄生容量と外付けコンデンサ容量の和である．図5.18にQ_1とQ_2のタイムチャートと主要波形を示す．双方がオフとなる短い期間をはさんで交互にオン・オフする．双方がオフとなる短い期間をデッドタイムと呼ぶ．なお，図5.18では動作をわかりやすくするために，デッドタイムを実際より長く描画している．Q_2がオンしたときに変圧器TRの1次巻線がC_2の電圧でクランプされるので，アクティブクランプ方式と呼ぶ．Q_2は通常励磁電流しか流れないので小容量のスイッチ素子を用いる．Q_1とQ_2はともにソフトスイッチングを実現できる．

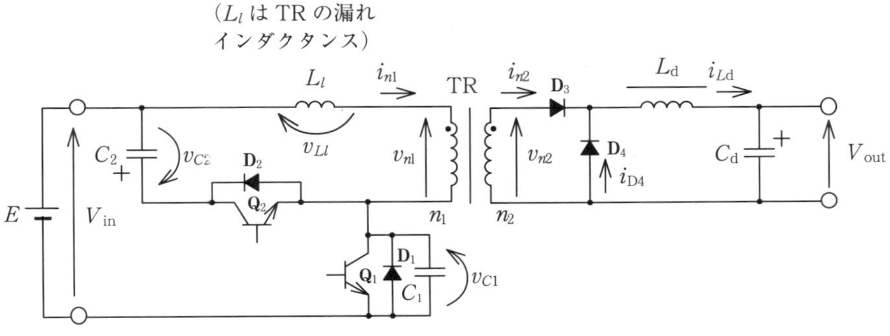

図5.17　アクティブクランプ方式1石フォワード型の回路構成と各部の記号

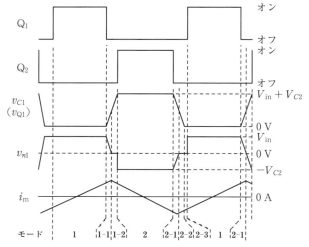

図 5.18　アクティブクランプ方式 1 石フォワード型の主要波形

5.7.2　動作モード

アクティブクランプ方式の基本となる動作モードと，それぞれの電流径路を図 **5.19** に示す。基本動作モードはモード 1 とモード 2 の二つから成り，モード 1 では Q_1 がオンで Q_2 がオフ，モード 2 では Q_2 がオンで Q_1 がオフである。モード 1 とモード 2 ともに前半と後半で励磁電流の流れが逆転する。モード 1 からモード 2 に移行する過渡時に図 **5.20** に示す二つの動作モードが発生する。モード 2 からモード 1 に移行する過渡時に図 **5.21** に示す三つの動作モードが発生する。これら過渡時の動作モードにより，スイッチ素子 Q_1 と Q_2 のソフトスイッチングが実現される。

各動作モードの概要は次のとおりである。過渡時の動作モードも含めて動作モードが発生する順番に説明する。

＜モード 1：Q_1 がオン，Q_2 はオフ＞　Q_1 がオンしているので負荷電流と励磁電流はともに Q_1 を流れている。D_3 が導通し，出力側に電力が伝達される。n_1 巻線には電圧 V_{in} が印加されているので，励磁電流 i_m は増加する。このモードの前半で i_m は負，後半で正であり，次式が成立する。なお，T は動作周期，α は Q_1 の通流率であり $T\alpha$ はモード 1 の継続時間である。Δi_{Ld} と Δi_m はそれぞれこの動作モード期間中の i_{Ld} と i_m の変化量である。

5.7 アクティブクランプ方式1石フォワード型 DC/DC コンバータ

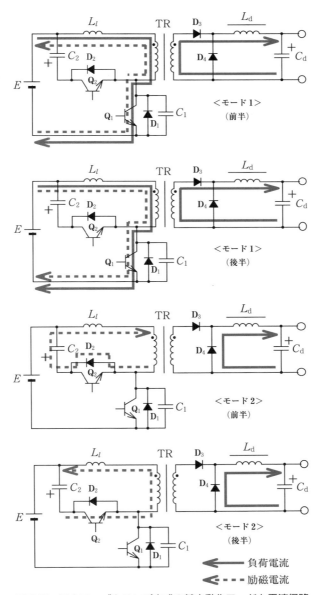

図 5.19 アクティブクランプ方式の基本動作モードと電流径路

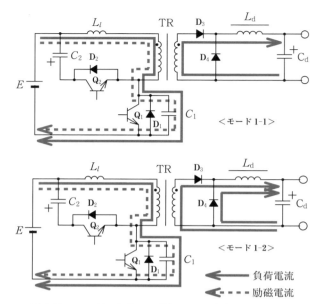

図 5.20 モード 1 から 2 へ移行する過渡時の動作モード

$$v_{n1} = V_{in} \tag{5.22}$$

$$v_{Ld} = v_{n2} - V_{out} = \frac{n_2}{n_1}V_{in} - V_{out} \tag{5.23}$$

$$\Delta i_{Ld} = \frac{1}{L_d}v_{Ld}T\alpha = \frac{1}{L_d}\left(\frac{n_2}{n_1}V_{in} - V_{out}\right)T\alpha \tag{5.24}$$

$$\Delta i_m = \frac{1}{L_m}V_{in}T\alpha \tag{5.25}$$

Q_1 がターンオフして次のモードに移行する。このとき C_1 電圧は 0 V なので Q_1 のターンオフは ZVS である。

＜モード 1-1：Q_1 と Q_2 ともにオフ＞ Q_1 がターンオフしたので，Q_1 に流れていた負荷電流・励磁電流はともに C_1 に転流し，C_1 電圧 v_{C1} は上昇する。$v_{n1} = V_{in} - v_{C1}$ なので，v_{C1} が V_{in} を超えると v_{n1} と v_{n2} は負となり，D_4 が導通して次のモードへ移行する。

＜モード 1-2：Q_1 と Q_2 ともにオフ＞ 引き続き C_1 が充電され，v_{C1} は増加する。D_3 と D_4 がともに導通しているので $v_{n1} = v_{n2} = 0$ であり，変圧器の漏れインダクタンス L_l には，$V_{in} - v_{C1}$ で与えられる負の電圧が印加される。その結果，n_1 巻線の負荷電流は急速に減少し，やがて 0 A となり，n_1 巻線電流は励

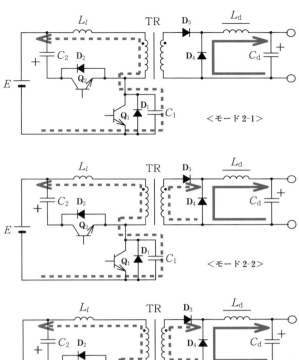

図 5.21 モード 2 から 1 へ移行する過渡時の動作モード

磁電流のみとなる．逆に D_4 電流が急速に増加し，やがて L_d 電流 i_{Ld} に達する．次式が成立する．なお，t はモード 1-2 開始からの経過時間である．

$$v_{Ll} = V_{in} - v_{C1} \tag{5.26}$$

$$i_{n1} = i_m + i_{Ld}\frac{n_2}{n_1} + \frac{1}{L_l}\int_0^t (V_{in} - v_{C1}(\tau))d\tau \tag{5.27}$$

$$i_{n2} = i_{Ld} + \frac{n_1}{n_2}\frac{1}{L_l}\int_0^t (V_{in} - v_{C1}(\tau))d\tau \tag{5.28}$$

$$i_{D4} = i_{Ld} - i_{n2} = \frac{n_1}{n_2}\frac{1}{L_l}\int_0^t (v_{C1}(\tau) - V_{in})d\tau \tag{5.29}$$

$$v_{C1} = V_{in} + \frac{1}{C_1}\int_0^t i_{n1}(\tau)d\tau \tag{5.30}$$

C_1 電圧 v_{C1} が $V_{\text{in}} + v_{C2}$ に達すると D_2 が導通し,次のモードへ移行する.

＜モード2：Q_1 はオフ,Q_2 はオフからオンへ＞　　D_2 が導通し,C_2 は励磁電流で充電される.Q_2 はこの期間にターンオンするので,Q_2 のターンオンは ZVS である.n_1 巻線には C_2 電圧 v_{C2} が逆方向に印加されるので,励磁電流は徐々に減少し,後半は負となる.次式が成立する.なお,T_2 はモード2の継続時間,Δi_{m} と Δi_{Ld} はそれぞれモード2期間中の i_{m} と i_{Ld} の変化量である.

$$\Delta i_{\text{m}} = -\frac{1}{L_{\text{m}}} v_{C2} T_2 \tag{5.31}$$

$$\Delta i_{Ld} = -\frac{1}{L_{\text{d}}} V_{\text{out}} T_2 \tag{5.32}$$

Q_2 がターンオフして次のモードへ移行する.

＜モード2-1：Q_1 と Q_2 ともにオフ＞　　Q_2 がターンオフしたので励磁電流は C_1 に転流し,「$C_1 \rightarrow n_1 \rightarrow L_l \rightarrow E \rightarrow C_1$」の径路で C_1 が放電し,v_{C1} は低下する.この期間,C_1 の電荷は電源 E に回生される.次式が成立する.なお,I_{m}^- は励磁電流の負方向のピーク値,t は Q_2 ターンオフからの時間である.

$$v_{n1} = V_{\text{in}} - v_{C1} \tag{5.33}$$

$$v_{C1} = V_{\text{in}} + v_{C2} + \frac{1}{C_1} I_{\text{m}}^- t \quad (\text{注：} I_{\text{m}}^- \text{ は負の値}) \tag{5.34}$$

v_{C1} が V_{in} より小となり,v_{n1} が正となって次のモードへ移行する.

＜モード2-2：Q_1 と Q_2 ともにオフ＞　　v_{n1} が正となると,v_{n2} も正となり D_3 が順バイアスされて導通する.その結果,励磁電流の一部は2次側に転流し,D_3 を通って出力側に供給される.C_1 の放電は1次側に残された励磁電流で継続する.D_3 と D_4 がともに導通するので $v_{n1} = v_{n2} = 0$ であり,変圧器の漏れインダクタンス L_l には $V_{\text{in}} - v_{C1}$ の電圧が正方向に印加され,負方向に流れている L_l 電流の大きさ $|i_{n1}|$ は急速に減少する.その結果,D_3 電流 i_{D3} は急速に増加する.次式が成立する.なお,t はモード2-2開始からの経過時間である.

$$i_{D3} = i_{n2} = \frac{n_1}{n_2} (i_{n1} - I_{\text{m}}^-) \tag{5.35}$$

$$i_{n1} = I_{\text{m}}^- + \frac{1}{L_l} \int_0^t v_{Ll}(\tau) d\tau \tag{5.36}$$

$$v_{L1} = V_{\text{in}} - v_{C1} \tag{5.37}$$

$$v_{C1} = V_{\text{in}} + \frac{1}{C_1}\int_0^t i_{n1}(\tau)d\tau \quad (\text{注}：i_{n1}\text{ は負の値}) \tag{5.38}$$

C_1 の放電が完了し，v_{C1} が 0 V となると励磁電流は C_1 から D_1 に転流してモード 2-3 へ移行する．なお，このモードでは C_1 の放電に伴い v_{C1} が減少するが，同時に $|i_{n1}|$ も急速に減少する．C_1 の放電が完了する前に $|i_{n1}|$ が 0 A になると，その時点で C_1 の放電は中断され，モード 2-3 へ移行できない．

＜モード 2-3：Q_1 はオフからオンへ，Q_2 はオフ＞　励磁電流が D_1 を通って流れている．Q_1 はこの期間にターンオンするので，Q_1 のターンオンは ZVS である．次式が成立する．なお，t はモード 2-3 開始からの経過時間である．

$$\begin{aligned} i_{D3} = i_{n2} &= i_{n2}(0) + \frac{1}{L_l} v_{Ll} t \frac{n_1}{n_2} \\ &= i_{n2}(0) + \frac{1}{L_l} V_{\text{in}} t \frac{n_1}{n_2} \end{aligned} \tag{5.39}$$

$$\begin{aligned} i_{n1} &= i_{n1}(0) + \frac{1}{L_l} v_{Ll} t \\ &= i_{n1}(0) + \frac{1}{L_l} V_{\text{in}} t \end{aligned} \tag{5.40}$$

ただし，$i_{n1}(0)$，$i_{n2}(0)$ はそれぞれ i_{n1}，i_{n2} の初期値である．

5.7.3　ソフトスイッチングの可否[13]

前節で説明したように，モード 2-2 で C_1 の放電が完了する前に L_l の電流が 0 A となるとモード 2-3 に移行できない．その場合，C_1 の電荷が残された状態で Q_1 がターンオンすることになり，ハードスイッチングとなる．式 (5.35)〜(5.38) から明かなように，C_1 の放電を完了させ ZVS を実現させるためには次の条件が必要である．

① 励磁電流の負のピーク値の大きさ $|I_m^-|$ が大であること．
② L_l が大であること．
③ C_1 が小であること．

C_1 に必要な大きさは Q_1 ターンオフ時の ZVS を実現するために決定されるの

で無制限に小さくすることはできない。また，$|I_\mathrm{m}{}^-|$ を大きくすると導通損失が増加し，L_l を大きくすると変圧器の発熱対策やノイズ対策に悪影響がある。したがって，ソフトスイッチング実現の可否はこれらの悪影響も含めて検討しなければならない。

5.7.4　出力電圧 V_out と C_2 電圧 v_{C2} の導出

平滑リアクトル L_d の電流 $i_{L\mathrm{d}}$ はモード 1 で増加し，増加量は式 (5.24) で与えられる。一方，モード 2 で減少し，式 (5.32) に $T_2 = T(1-\alpha)$ を代入して減少量 $\Delta i_{L\mathrm{d}}$ は次式で与えられる。

$$\Delta i_{L\mathrm{d}} = -\frac{1}{L_\mathrm{d}} V_\mathrm{out} T(1-\alpha) \tag{5.41}$$

なお，モード 1 とモード 2 が切り替わる過渡時の動作モードの継続時間は十分短いので，これらの動作モードでは $i_{L\mathrm{d}}$ の変化は無視してよい。定常状態では $i_{L\mathrm{d}}$ の増加と減少の和は 0 なので

$$\frac{1}{L_\mathrm{d}}\left(\frac{n_2}{n_1}V_\mathrm{in} - V_\mathrm{out}\right)T\alpha - \frac{1}{L_\mathrm{d}}V_\mathrm{out}T(1-\alpha) = 0 \tag{5.42}$$

$$\therefore V_\mathrm{out} = \frac{n_2}{n_1}V_\mathrm{in}\alpha \tag{5.43}$$

である。

励磁電流 i_m はモード 1 で増加し，増加量は式 (5.25) で与えられる。一方，モード 2 で減少し，式 (5.31) に $T_2 = T(1-\alpha)$ を代入して，減少量 Δi_m は次式で与えられる。

$$\Delta i_\mathrm{m} = -\frac{1}{L_\mathrm{m}} v_{C2} T(1-\alpha) \tag{5.44}$$

定常状態では励磁電流の増加と減少の和は 0 なので

$$\frac{1}{L_\mathrm{m}}V_\mathrm{in}T\alpha - \frac{1}{L_\mathrm{m}}v_{C2}T(1-\alpha) = 0 \tag{5.45}$$

$$\therefore v_{C2} = V_\mathrm{in}\frac{\alpha}{1-\alpha} \tag{5.46}$$

である。

5.8 位相シフトフルブリッジ方式 DC/DC コンバータ

5.8.1 概　　要

4.3.1 項で説明したフルブリッジ方式 DC/DC コンバータはハードスイッチングの回路方式であるが，スイッチ素子の制御方法を変更することにより，回路構成は図 4.16 のままでソフトスイッチングを実現できる．4.3.1 項では図 4.17 に示したように，Q_1 と Q_4，および Q_2 と Q_3 をそれぞれ同時にオン・オフさせていた．**位相シフトフルブリッジ方式**では，**図 5.22** に示すように Q_1 と Q_2，および Q_3 と Q_4 を，それぞれ短いデッドタイムを挟んで互い違いにオン・オフさせている．Q_1 と Q_2 の組，および Q_3 と Q_4 の組の間にオン・オフ動作の位相差（位相シフト）θ を設けるので位相シフト方式と呼ばれる．なお，スイッチ素子に FET を使用した場合は，$D_1 \sim D_4$ は FET の寄生ダイオードを使用できる．

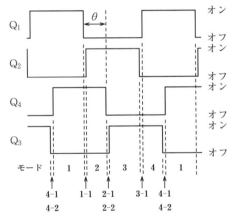

図 5.22　位相シフトフルブリッジ方式の動作モード

5.8.2 基本動作モード

図 5.22 に示したように四つのスイッチ素子のオン・オフに応じて，モード 1, 2, 3, 4 の四つの基本動作モードが生じ，それぞれの間に短時間の過渡的な動作モードが発生する．各動作モードの電流径路を**図 5.23** に，主要な波形を**図 5.24** に示す．この回路方式では励磁電流は基本動作には影響を与えないので，図 5.23

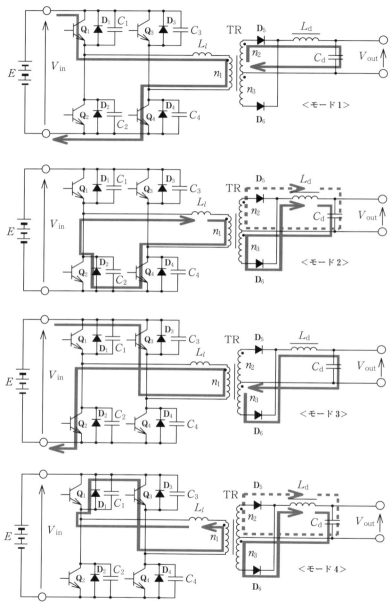

図 5.23 位相シフトフルブリッジ方式の基本動作モードの電流径路

5.8 位相シフトフルブリッジ方式 DC/DC コンバータ　　147

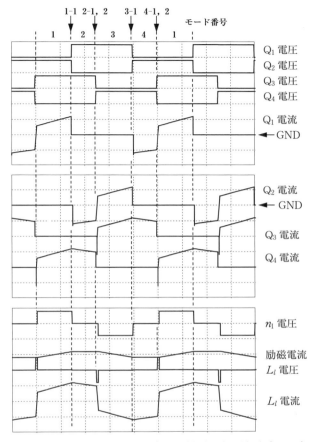

図 5.24(a)　位相シフトフルブリッジ方式の主要波形（その 1）

は励磁電流は無視し，負荷電流だけの電流径路を示す．T_1, T_2, T_3, T_4 はそれぞれモード 1,2,3,4 の継続時間．Δi_{Ld} は各動作モードでの平滑リアクトル L_d の電流変化量を示す．各素子の記号と電圧・電流の記号は図 4.16 による．

＜モード 1：Q_1 と Q_4 がオン＞伝達モード　　Q_1 と Q_4 がオンし，変圧器 1 次巻線 n_1 に電源電圧 V_{in} が印加されている．D_5 が導通し，出力側に電力が伝達されているので伝達モードと呼ぶ．次式が成立する．

$$v_{n1} = V_{\text{in}} \tag{5.47}$$

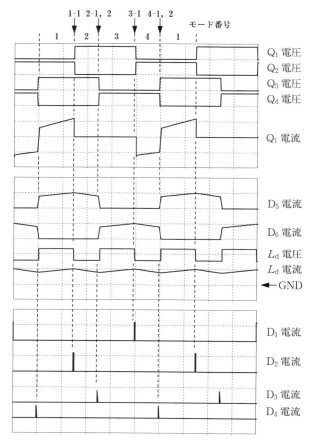

図 5.24(b) 位相シフトフルブリッジ方式の主要波形（その 2）

$$v_{Ld} = \frac{n_2}{n_1}V_{in} - V_{out} \tag{5.48}$$

$$\Delta i_{Ld} = \frac{1}{L_d}v_{Ld}T_1 = \frac{1}{L_d}\left(\frac{n_2}{n_1}V_{in} - V_{out}\right)T_1 \tag{5.49}$$

Q_1 がオフし，Q_2 がオンして次のモードへ移行する。

＜モード 2：Q_2 と Q_4 がオン＞環流モード　　変圧器 TR の漏れインダクタンス L_l に蓄積されたエネルギーにより，1 次巻線電流 i_{n1} が「$L_l \to n_1 \to Q_4 \to D_2 \to L_l$」の径路で環流するので，環流モードと呼ぶ。平滑リアクトル L_d の電流は n_2 巻線と n_3 巻線の双方を流れ，D_5 と D_6 はともに導通する。L_d には出力

電圧 V_{out} が逆方向に印加され, L_d 電流は徐々に減少する。漏れインダクタンス L_l には, 変圧器の巻線抵抗および Q_4 と D_2 による電圧降下 v_f が逆方向に印加されるので, 1 次側の環流電流 i_{n1} も徐々に減少する。スイッチ素子に FET を使用した場合は D_2 電流は Q_2 にも流れ, 電圧降下を抑制できる。i_{n1} の減少に伴い n_2 巻線電流 i_{n2} が減少し, n_3 巻線電流 i_{n3} が増加し, 次式が成立する。なお, I_1 はモード 1 終了時点の n_1 巻線電流, t はモード 2 開始からの経過時間である。

$$v_{Ll} = -v_f \tag{5.50}$$

$$i_{n1} = I_1 + \frac{1}{L_l}\int_0^t v_{Ll}(\tau)d\tau \quad (\text{注}:v_{Ll}(\tau) \text{は負の値}) \tag{5.51}$$

$$\Delta i_{Ld} = \frac{1}{L_d}v_{Ld}T_2 = \frac{1}{L_d}(-V_{out})T_2 \tag{5.52}$$

$$i_{Ld} = i_{n2} + i_{n3} \tag{5.53}$$

$$i_{n1} = \frac{n_2}{n_1}(i_{n2} - i_{n3}) \tag{5.54}$$

<**モード 3**：Q_2 と Q_3 がオン>伝達モード　　Q_2, Q_3 がオンし, 変圧器 1 次巻線に電源電圧が負方向に印加されている。D_6 が導通し, 出力側に電力が伝達されて

$$v_{n1} = -V_{in} \tag{5.55}$$

$$v_{Ld} = \frac{n_2}{n_1}V_{in} - V_{out} \tag{5.56}$$

$$\Delta i_{Ld} = \frac{1}{L_d}v_{Ld}T_3 = \frac{1}{L_d}\left(\frac{n_2}{n_1}V_{in} - V_{out}\right)T_3 \tag{5.57}$$

が成立する。Q_2 がオフし, Q_1 がオンして次のモードへ移行する。

<**モード 4**：Q_1 と Q_3 がオン>環流モード　　変圧器 TR の漏れインダクタンス L_l に蓄積されたエネルギーにより, 1 次巻線電流 i_{n1} が「$L_l \to D_1 \to Q_3 \to n_1 \to L_l$」の径路で環流する。2 次側の電流径路はモード 2 と同じである。漏れインダクタンス L_l には, モード 2 と同様に, 変圧器の巻線抵抗および D_1 と Q_3 による電圧降下（v_f とする）が逆方向に印加されるので, 1 次側の環流電流 i_{n1}

は徐々に減少する。i_{n1} の減少に伴い n_3 巻線電流 i_{n3} が減少し，n_2 巻線電流 i_{n2} が増加し，次式が成立する。なお，I_3 はモード3の終了時点での n_1 巻線電流，t はモード4の開始からの経過時間である。

$$v_{Ll} = v_{\mathrm{f}} \tag{5.58}$$

$$i_{n1} = I_3 - \frac{1}{L_l}\int_0^t v_{Ll}(\tau)d\tau \quad (\text{注：} I_3 \text{と} v_{Ll}(\tau) \text{は負の値}) \tag{5.59}$$

$$\Delta i_{L\mathrm{d}} = \frac{1}{L_\mathrm{d}}v_{L\mathrm{d}}T_4 = \frac{1}{L_\mathrm{d}}(-V_{\mathrm{out}})T_4 \tag{5.60}$$

$$i_{L\mathrm{d}} = i_{n2} + i_{n3} \tag{5.61}$$

$$i_{n1} = \frac{n_2}{n_1}(i_{n2} - i_{n3}) \quad (\text{注：} i_{n1} \text{は負の値}) \tag{5.62}$$

5.8.3 出力電圧 V_{out} の導出

平滑リアクトルの電流 $i_{L\mathrm{d}}$ は伝達モードで増加し，環流モードで減少する。定常状態ではその和は0なので

$$\frac{1}{L_\mathrm{d}}\left(\frac{n_2}{n_1}V_{\mathrm{in}} - V_{\mathrm{out}}\right)T_1 + \frac{1}{L_\mathrm{d}}(-V_{\mathrm{out}})T_2 = 0 \tag{5.63}$$

$$\therefore V_{\mathrm{out}} = \frac{n_2}{n_1}V_{\mathrm{in}}\frac{T_1}{T_1+T_2} \tag{5.64}$$

$\frac{T_1}{T_1+T_2}$ は1周期に占める伝達モードの割合 α で，V_{out} は次式となる。

$$V_{\mathrm{out}} = \frac{n_2}{n_1}V_{\mathrm{in}}\alpha \tag{5.65}$$

5.8.4 過渡時の動作モードとソフトスイッチングの原理

図5.22に示したように，四つの基本動作モードそれぞれの間に一つまたは二つの過渡的な動作モードが存在する。これらの動作モードによってソフトスイッチングを実現している。各動作モードの電流径路を図5.25～図5.28に示す。
＜モード1-1＞伝達モード → 環流モード（図5.25）　モード1（伝達モード）からモード2（環流モード）への過渡状態であり，この動作モードにより Q_1 の

5.8 位相シフトフルブリッジ方式 DC/DC コンバータ 151

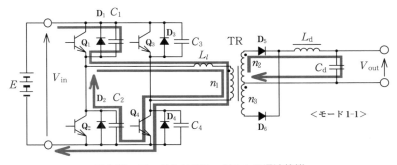

図 5.25　モード 1 からモード 2 への過渡状態

ZVS でのターンオフと，Q_2 の ZVS でのターンオンが実現される。モード 1 の状態において，Q_1 がターンオフすると Q_1 を流れていた電流は C_1 に転流し，C_1 電圧は上昇する。それに伴い，C_2 は「$C_2 \rightarrow L_l \rightarrow n_1 \rightarrow Q_4 \rightarrow C_2$」の径路で放電する。$C_1$ の充電と C_2 の放電が完了すると D_2 が導通し，モード 2 に移行する。Q_1 ターンオフ時は C_1 電圧は 0 V なので，Q_1 のターンオフは ZVS となり，Q_2 のターンオンは D_2 が導通してから行われるのでやはり ZVS である。

＜モード 2-1，モード 2-2＞ 環流モード → 伝達モード（図 5.26）　モード 2

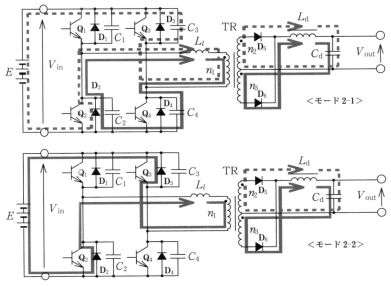

図 5.26　モード 2 からモード 3 への過渡状態

（環流モード）からモード3（伝達モード）への過渡状態であり，この動作モードにより，Q_4 の ZVS でのターンオフと Q_3 の ZVS でのターンオンが実現される。モード2の状態において，Q_4 がターンオフすると Q_4 を流れていた電流は C_4 に転流し，C_4 電圧は上昇する。それに伴い，C_3 は「$C_3 \rightarrow E \rightarrow D_2 \rightarrow L_l \rightarrow n_1 \rightarrow C_3$」の径路で放電する。$C_4$ の充電と C_3 の放電が完了すると D_3 が導通し，モード2-2 へ移行する。Q_4 ターンオフ時は C_4 電圧は0Vなので，Q_4 のターンオフはZVSである。Q_3 のターンオンはモード2-2においてD$_3$が導通している状態で行われるのでやはりZVSである。

＜モード3-1＞伝達モード → 環流モード（図 5.27）　モード 1-1 と同じく伝達モード（モード3）から環流モード（モード4）への過渡状態である。モード 1-1 では Q_1 がターンオフして Q_2 がターンオンしたのに対し，モード3-1 では Q_2 がターンオフして Q_1 がターンオンする。また，モード 1-1 では C_1 が充電され C_2 が放電したのに対し，モード3-1 では C_2 が充電され C_1 が放電する。動作原理はモード 1-1 と同じであり，Q_1 と Q_2 のソフトスイッチングが実現される。

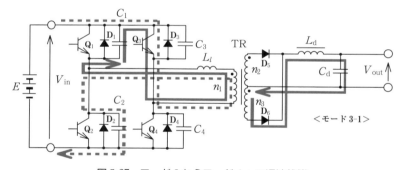

図 5.27　モード3からモード4への過渡状態

＜モード4-1，モード4-2＞環流モード → 伝達モード（図 5.28）　モード2-1 および 2-2 と同じく環流モード（モード4）から伝達モード（モード1）への過渡状態である。モード 2-1 と 2-2 では，Q_4 がターンオフして Q_3 がターンオンしたのに対し，モード 4-1 と 4-2 では，Q_3 がターンオフして Q_4 がターンオンする。また，モード 2-1 では C_4 が充電され C_3 が放電したのに対し，モード 4-1 では C_3 が充電され C_4 が放電する。動作原理はモード 2-1 および 2-2 と同じであり，Q_3 と Q_4 のソフトスイッチングが実現される。

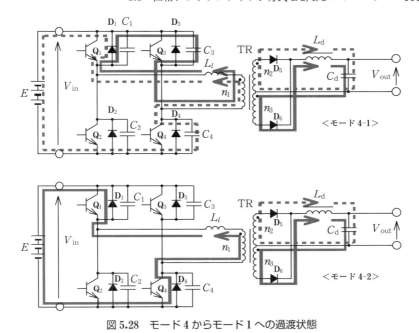

図 5.28 モード 4 からモード 1 への過渡状態

5.8.5 進みレグと遅れレグ

DC/DC コンバータでは,図 5.29 のように直流電源に二つまたはそれ以上のスイッチ素子が直列接続された回路構成がよく使用される。このような直列接続されたスイッチ素子およびその付属部品を「レグ」と呼ぶ。たとえば図 4.16 のフルブリッジ方式では,Q_1, D_1, C_1 と Q_2, D_2, C_2 および Q_3, D_3, C_3 と Q_4, D_4, C_4 がそれぞれレグを構成している。位相シフト方式では,図 5.22 に示したように Q_3 と

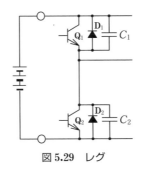

図 5.29 レグ

Q_4 のレグは，Q_1 と Q_2 のレグに対して位相角 θ の遅れを持ってスイッチング動作を行う。そこで Q_1 と Q_2 のレグを**進みレグ**，Q_3 と Q_4 のレグを**遅れレグ**と呼ぶ。両者の間にはソフトスイッチングのメカニズムに大きな相違点が存在する。

(1) 進みレグの動作

進みレグのスイッチング動作は，モード 1-1 と 3-1 で行われる。ともに伝達モードから環流モードに移行する過渡状態である。モード 1-1 の電流径路を表した図 5.25 において電流が流れていない部品を削除し，平滑コンデンサ C_d を電圧 V_{out} の定電圧源で置き換え，さらに C_d と L_d を 1 次側に移動して変圧器 TR を削除すると，**図 5.30** の等価回路を得る。

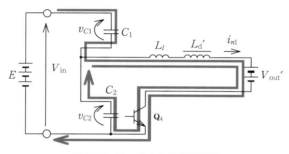

図 5.30　モード 1-1 の等価回路

$L_d{'}$ と $V_{out}{'}$ はそれぞれ L_d と V_{out} の 1 次側換算値である。L_l と $L_d{'}$ が直列接続されて C_1 と C_2 を充放電しており，次式が成立する。

$$v_{C1} = \frac{1}{C_1}\int_0^t \frac{1}{2}i_{nl}(\tau)d\tau \tag{5.66}$$

$$v_{C2} = V_{in} - \frac{1}{C_2}\int_0^t \frac{1}{2}i_{nl}(\tau)d\tau \tag{5.67}$$

$$i_{nl}(t) = i_{nl}(0) - \frac{1}{L_l + L_d{'}}\int_0^t (v_{C2}(\tau) - V_{out}{'})d\tau \tag{5.68}$$

$$V_{out}{'} = V_{out}\frac{n_1}{n_2} \tag{5.69}$$

$$L_d{'} = L_d\left(\frac{n_1}{n_2}\right)^2 \tag{5.70}$$

なお，t はモード 1-1 開始からの経過時間，$i_{nl}(0)$ は i_{nl} の初期値である。L_d は十分大きいので $\frac{1}{L_l + L_d{'}}$ は十分小さい値であり，$i_{nl}(t)$ は $i_{nl}(0)$ からほとんど変化しない。したがって，モード 1-1 の期間中に v_{C1} は容易に V_{in} まで上昇し，v_{C2} は 0 V まで低下する。モード 3-1 では式 (5.66)〜(5.70) において，C_1 と C_2

を逆にすれば同じ式が成立する．

(2) 遅れレグの動作

遅れレグのスイッチング動作は，モード 2-1 と 2-2 およびモード 4-1 と 4-2 で行われる．ともに環流モードから伝達モードに移行する過渡状態である．これらの動作モードでは電流径路を表した図 5.26 と図 5.28 から明らかなように，2 次側の整流ダイオード D_5 と D_6 はともに導通しており，変圧器 TR の 2 次巻線は短絡状態にある．そこで，モード 2-1 の電流径路図から変圧器を短絡して削除し，電流が流れていない部品を削除すると，図 5.31(a) の等価回路を得る．進みレグでは変圧器の漏れインダクタンス L_l と平滑リアクトル L_d' の和で，コンデンサ

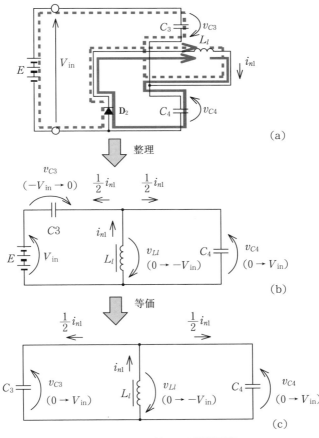

図 5.31 モード 2-1 の等価回路

C_1 と C_2 の充放電を実現したのに対し，遅れレグでは変圧器の漏れインダクタンス L_l が単独で C_3 と C_4 の充放電を実現しなければならない．

さらに図 (a) を整理すると図 (b) を得る．図 (b) においてコンデンサ C_3 の電圧 v_{C3} はモード 2-1 の間に $-V_\text{in}$ から $0\,\text{V}$ に変化するが，電源電圧 V_in を加算して初期値を $0\,\text{V}$ に変更すると，図 (c) の等価回路を得る．図 (c) から，モード 2-1 では漏れインダクタンス L_l のエネルギーで，二つのコンデンサの和「C_3+C_4」を $0\,\text{V}$ から V_in まで充電しているのと等価である．したがって，コンデンサ C_3 と C_4 の充放電を完了して次のモードに移行するための条件は次式で与えられる．

$$\frac{1}{2}L_l i_{n1}(0)^2 > \frac{1}{2}(C_3+C_4)V_\text{in}^2 \tag{5.71}$$

なお，$i_{n1}(0)$ はモード 2-1 開始時の 1 次巻線電流 i_{n1} である．したがって，遅れレグではソフトスイッチング成立のために，環流モードで十分な大きさの 1 次巻線電流が確保され，ある程度大きな漏れインダクタンス L_l が必要である．図 (b) において各素子の電圧・電流について次式が成立する．

$$v_{C3} = -V_\text{in} + \frac{1}{C_3}\int_0^t \frac{1}{2}i_{n1}(\tau)d\tau \tag{5.72}$$

$$v_{C4} = \frac{1}{C_4}\int_0^t \frac{1}{2}i_{n1}(\tau)d\tau \tag{5.73}$$

$$i_{n1}(t) = i_{n1}(0) - \frac{1}{L_l}\int_0^t v_{C4}(\tau)d\tau \tag{5.74}$$

モード 4-1 では，式 (5.71)～(5.74) において C_3 と C_4 を逆にすれば同じ式が成立する．

5.9 非対称制御ハーフブリッジ方式 DC/DC コンバータ

5.9.1 基本動作

4.3.2 項で説明したハーフブリッジ方式 DC/DC コンバータは，図 **5.32**(a) に示すように二つのスイッチ素子を同じ通流率で位相差 180 度として動作させていた．非対称制御方式では図 (b) に示すように，二つのスイッチ素子を短いデッドタイムを挟んで交互にオン・オフさせる．Q_1 と Q_2 の通流率が異なるので非対称制御と呼ばれている．回路構成は図 4.27 に示した通常のハーフブリッジ

5.9 非対称制御ハーフブリッジ方式DC/DCコンバータ

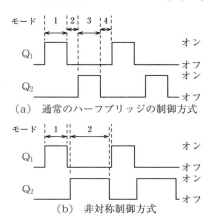

(a) 通常のハーフブリッジの制御方式

(b) 非対称制御方式

図5.32 ハーフブリッジ方式の二つの制御方式

方式と同じである。通常の制御ではハードスイッチングであるが，非対称制御ではソフトスイッチングが可能となる。非対称制御方式には二つの主要な動作モードがある。各動作モードの負荷電流の電流径路を図5.33に示す。なお，煩雑さ

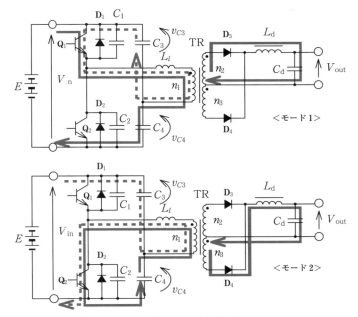

(励磁電流は負荷電流と同じ径路で1次側を流れる)

図5.33 非対称制御ハーフブリッジ方式の負荷電流の径路

を避けて表示していないが，励磁電流は負荷電流と同じ径路で 1 次側を流れている。

＜モード 1：Q_1 がオン，Q_2 はオフ＞

Q_1 がオンし，変圧器 1 次巻線 n_1 にはコンデンサ C_3 の電圧 v_{C3} が印加されている。D_3 が導通し，出力側に電力が伝達され，次式が成立する。

$$v_{n1} = v_{C3} \tag{5.75}$$

$$v_{Ld} = \frac{n_2}{n_1} v_{n1} - V_{\text{out}} \tag{5.76}$$

$$\Delta i_{Ld} = \frac{1}{L_d} v_{Ld} T\alpha = \frac{1}{L_d}\left(\frac{n_2}{n_1} v_{C3} - V_{\text{out}}\right) T\alpha \tag{5.77}$$

$$\Delta i_m = \frac{1}{L_m} v_{n1} T\alpha = \frac{1}{L_m} v_{C3} T\alpha \tag{5.78}$$

$$v_{C3} + v_{C4} = V_{\text{in}} \tag{5.79}$$

なお，T は動作周期，α は Q_1 の通流率，$T\alpha$ はモード 1 の継続時間である。Δi_{Ld} はモード 1 期間での平滑リアクトル電流 i_{Ld} の変化量である。L_m は励磁インダクタンス，Δi_m はモード 1 期間での励磁電流の変化量である。通常のハーフブリッジでは $v_{C3} = v_{C4} = \frac{1}{2} V_{\text{in}}$ であるが，非対称制御では $v_{C3} \neq v_{C4}$ である。Q_1 がオフし，Q_2 がオンして次のモードへ移行する。

＜モード 2：Q_2 がオン，Q_1 はオフ＞ Q_2 がオンし，変圧器 1 次巻線 n_1 にはコンデンサ C_4 の電圧 v_{C4} が負方向に印加される。D_4 が導通し，出力側に電力が伝達され，次式が成立する。

$$v_{n1} = -v_{C4} \tag{5.80}$$

$$v_{Ld} = -\frac{n_2}{n_1} v_{n1} - V_{\text{out}} \tag{5.81}$$

$$\Delta i_{Ld} = \frac{1}{L_d} v_{Ld} T(1-\alpha) = \frac{1}{L_d}\left(\frac{n_2}{n_1} v_{C4} - V_{\text{out}}\right) T(1-\alpha) \tag{5.82}$$

$$\Delta i_m = \frac{1}{L_m} v_{n1} T(1-\alpha) = -\frac{1}{L_m} v_{C4} T(1-\alpha) \tag{5.83}$$

なお，$1-\alpha$ は Q_2 の通流率，$T(1-\alpha)$ はモード 2 の継続時間である。Δi_{Ld} はモード 2 期間での平滑リアクトル電流 i_{Ld} の変化量である。$\alpha < 0.5$ なら Δi_{Ld} はモード 1 で正，モード 2 で負となる。

5.9.2 出力電圧の導出

定常状態では励磁電流の変化量 Δi_m のモード 1 とモード 2 の和は 0 なので，

式 (5.78) と式 (5.83) から

$$\frac{1}{L_\mathrm{m}}v_{C3}T\alpha - \frac{1}{L_\mathrm{m}}v_{C4}T(1-\alpha) = 0 \tag{5.84}$$

式 (5.79) を代入し，整理すると

$$v_{C3} = V_\mathrm{in}(1-\alpha) \tag{5.85}$$
$$v_{C4} = V_\mathrm{in}\alpha \tag{5.86}$$

定常状態では平滑リアクトル電流の変化量 Δi_{Ld} のモード 1 とモード 2 の和は 0 なので，式 (5.77) と式 (5.82) より

$$\frac{1}{L_\mathrm{d}}\left(\frac{n_2}{n_1}v_{C3} - V_\mathrm{out}\right)T\alpha + \frac{1}{L_\mathrm{d}}\left(\frac{n_2}{n_1}v_{C4} - V_\mathrm{out}\right)T(1-\alpha) = 0 \tag{5.87}$$

式 (5.85) と式 (5.86) を代入し，整理すると

$$V_\mathrm{out} = 2\frac{n_2}{n_1}V_\mathrm{in}\alpha(1-\alpha) \tag{5.88}$$

この式から計算した出力電圧特性を図 **5.34** に示す。通流率 0.5 のときに最大値 $\frac{1}{2}\frac{n_2}{n_1}V_\mathrm{in}$ となる。

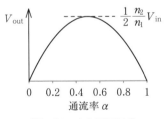

図 5.34 出力電圧特性

5.9.3 直流励磁の発生

図 5.33 の電流径路から C_3 と C_4 の充放電について次のことがわかる。

＜モード 1＞　C_3 は放電し，C_4 は充電される。C_3 電圧 v_{C3} と C_4 電圧 v_{C4} の和は常に入力電圧 V_in に等しい。したがって，C_3 の放電に伴う電圧降下と C_4 の充電に伴う電圧上昇は等しいので，C_3 の放電電流と C_4 の充電電流は同じ大きさ

である。次式が成立する。

$$C_3 \text{の放電電荷} = C_4 \text{の充電電荷} = \frac{1}{2}\frac{n_2}{n_1}i_{Ld}T\alpha \tag{5.89}$$

＜モード2＞ C_4 は放電し，C_3 は充電される。モード1と同様にして次式が成立する。

$$C_4 \text{の放電電荷} = C_3 \text{の充電電荷} = \frac{1}{2}\frac{n_2}{n_1}i_{Ld}T(1-\alpha) \tag{5.90}$$

$\alpha < 0.5$ なら次のように C_3, C_4 の充放電の電荷のアンバランスが発生する。

$$C_3 \text{の放電電荷} < C_3 \text{の充電電荷}$$

$$C_4 \text{の充電電荷} < C_4 \text{の放電電荷}$$

その結果，C_3 の電圧は上昇し，C_4 の電圧は減少する。通常は式(5.84)で示したように励磁電流の変化量 Δi_m のモード1とモード2の和は0であるが，C_3 の電圧 v_{C3} が上昇し，C_4 の電圧 v_{C4} が減少すると，式(5.84)の右辺は0ではなく正の値となり，変圧器は正方向に偏磁する。偏磁の結果生じる励磁電流の直流成分を i_{md} とすると，式(5.89)と式(5.90)は次のように変化する。

$$C_3 \text{の放電電荷} = C_4 \text{の充電電荷} = \frac{1}{2}\left(\frac{n_2}{n_1}i_{Ld} + i_{md}\right)T\alpha \tag{5.91}$$

$$C_4 \text{の放電電荷} = C_3 \text{の充電電荷} = \frac{1}{2}\left(\frac{n_2}{n_1}i_{Ld} - i_{md}\right)T(1-\alpha) \tag{5.92}$$

定常状態では C_3 と C_4 の充電電荷と放電電荷は等しいので，次式が成立する状態で i_{md} の値が定まる。

$$\frac{1}{2}\left(\frac{n_2}{n_1}i_{Ld} + i_{md}\right)T\alpha = \frac{1}{2}\left(\frac{n_2}{n_1}i_{Ld} - i_{md}\right)T(1-\alpha) \tag{5.93}$$

整理すると

$$i_{md} = \frac{n_2}{n_1}i_{Ld}(1-2\alpha) \tag{5.94}$$

非対称制御ハーフブリッジ方式では，$\alpha \neq 0.5$ のときは二つのコンデンサの充電電荷と放電電荷を等しくするために偏磁が発生し，励磁電流に式(5.94)で与えられる直流成分が含まれる。

5.9.4 過渡状態の動作モードとソフトスイッチングの原理

図 5.33 に示した二つの動作モードの間に過渡的な動作モードが存在する。これらの動作モードによってソフトスイッチングの実現が可能となる。各動作モードの電流径路を図 5.35 と図 5.36 に示す。それぞれの動作モードの概要は次のとおりである。

＜モード 1-1，1-2＞ モード 1 → モード 2（図 5.35）　モード 1（Q_1 がオン）からモード 2（Q_2 がオン）への過渡状態であり，この動作モードにより Q_1 の

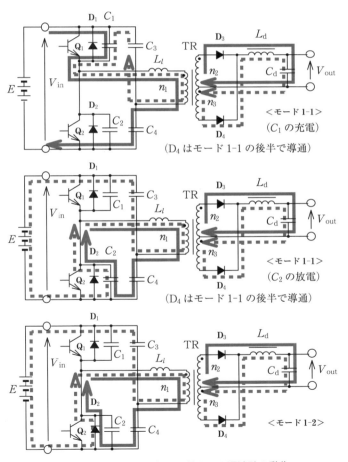

図 5.35　モード 1 からモード 2 への過渡時の動作

ZVSでのターンオフと，Q_2 の ZVS でのターンオンが実現される。モード 1 の状態において，Q_1 がターンオフすると Q_1 を流れていた電流は C_1 に転流し，C_1 電圧が上昇する。それに伴い，C_2 は「$C_2 \to L_l \to n_1 \to C_4 \to C_2$」の径路，および「$C_2 \to L_l \to n_1 \to C_3 \to E \to C_2$」の二つの径路で放電する。なお，$C_1$ の充電と C_2 の放電は同時に行われるが，わかりやすくするために二つの図に分けて示している。C_1 の充電と C_2 の放電が完了すると D_2 が導通し，モード 1-2 に移行する。Q_1 ターンオフ時は C_1 電圧は 0 V なので，Q_1 のターンオフは ZVS である。Q_2 のターンオンは D_2 が導通してから行われるので ZVS である。

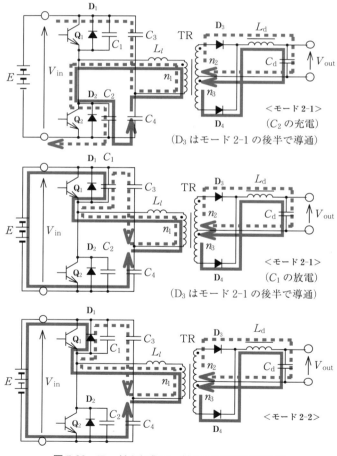

図 5.36　モード 2 からモード 1 への過渡時の動作

<モード 2-1, 2-2>　モード 2 → モード 1（図 5.36）　　モード 2（Q_2 がオン）からモード 1（Q_1 がオン）への過渡状態であり，この動作モードにより Q_2 の ZVS でのターンオフと，Q_1 の ZVS でのターンオンが実現される。モード 2 の状態において，Q_2 がターンオフすると Q_2 を流れていた電流は C_2 に転流し，C_2 の電圧は上昇する。それに伴い，C_1 は「$C_1 \to C_3 \to n_1 \to L_l \to C_1$」の径路，および「$C_1 \to E \to C_4 \to n_1 \to L_l \to C_1$」の二つの径路で放電する。なお，$C_2$ の充電と C_1 の放電は同時に行われるが，わかりやすくするために二つの図に分けて示している。C_2 の充電と C_1 の放電が完了すると D_1 が導通し，モード 2-2 に移行する。Q_2 ターンオフ時は C_2 電圧は 0 V なので Q_2 のターンオフは ZVS である。Q_1 のターンオンは D_1 が導通してから行われるので ZVS である。

5.9.5　過渡状態の等価回路

モード 1-1 では C_1 の充電と C_2 の放電が行われ，C_2 の電圧 v_{C2} は V_in から 0 まで低下する。変圧器 1 次巻線の電圧 v_{n1} は次式で与えられる。

$$v_{n1} = v_{C2} - v_{C4}$$

モード 1-1 開始初期は v_{C2} は v_{C4} より大きく v_{n1} は正であり，v_{n2} と v_{n3} も正なので 2 次側では D_3 のみ導通し，D_4 は逆バイアスされて導通しない。C_2 の放電が進行し，$v_{C2} = v_{C4}$ となると D_4 の逆バイアスは解除されて D_4 も導通する。

D_4 が導通する前の等価回路を図 5.37 に示す。図 5.35 のモード 1-1 の回路図に対して電流が流れていない部品を削除し，平滑コンデンサ C_d を電圧 V_out の定電圧源で置き換え，さらに C_d と L_d を 1 次側に移動して変圧器 TR を削除している。$L_d{}'$ と $V_\mathrm{out}{}'$ はそれぞれ L_d と V_out の 1 次側換算値である。L_l と L_d が直列接続されて C_1 と C_2 を充放電している。この動作は 5.8.5 項で説明した位相シフトフルブリッジ方式の進みレグの動作と同じであり，C_1 と C_2 の充放電は，容量の大きな平滑リアクトル L_d のエネルギーですみやかに進行する。

D_4 が導通した後は図 5.35 において 2 次側に点線の径路が加わり，D_3 と D_4 がともに導通して変圧器は短絡状態となり，平滑リアクトル L_d は 1 次側から切り離される。したがって，C_1 と C_2 の充放電は L_l のエネルギーだけで実施される。これは位相シフトフルブリッジ方式の遅れレグの動作と同じであり，ソフトスイッチング実現のために，L_l には次のエネルギーが必要である。

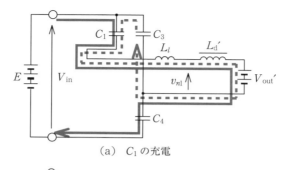

(a) C_1 の充電

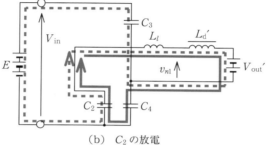

(b) C_2 の放電

図 5.37　モード 1-1 前半の等価回路

$$\frac{1}{2}L_l i_{n1}(0)^2 > \frac{1}{2}(C_1 + C_2)v_{C4}^2 \tag{5.95}$$

$i_{n1}(0)$ は D_4 導通開始時の n_1 巻線電流であり，次式で与えられる．

$$i_{n1}(0) = \frac{n_2}{n_1} i_{Ld} \tag{5.96}$$

なお，モード 2-1 でも同様の現象が発生する．

5.9.6　非対称ハーフブリッジ回路

ハーフブリッジ回路の制御方式には，通常の制御方式と非対称制御方式の二つがあることを 5.9.1 項で説明した．ハーフブリッジ回路には回路構成にも通常の回路構成と非対称の回路構成の 2 種類がある．非対称の回路構成を**図 5.38** に示す．通常の回路構成では図 5.33 に示したように二つのコンデンサ C_3 と C_4 が電源 E に並列に接続されて対称的な回路構成であるが，図 5.38 では，一つのコンデンサ C_3 が変圧器の 1 次巻線に直列に接続されて対称性がないので，**非対称ハーフブリッジ回路**と呼ばれている．通常のハーフブリッジ回路には，通常の制

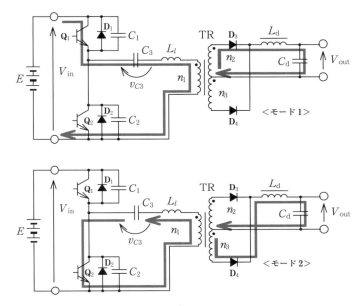

(L_l は TR の漏れインダクタンス)

図 5.38 非対称ハーフブリッジ回路の電流径路

御方式と非対称制御方式の二つが適用できたが，同様に非対称ハーフブリッジ回路も通常の制御方式と非対称制御方式の二つが適用可能である。しかし，非対称ハーフブリッジ回路はもっぱら非対称制御方式が適用されている。

非対称ハーフブリッジ回路に非対称制御を適用したときの電流径路を図 5.38 に示す。通常のハーフブリッジ回路では，5.9.2 項で説明したように通流率 α に応じて，二つのコンデンサ（図 5.33 の C_3, C_4）の電圧が変化して変圧器印加電圧の正負のバランスを確保したが，非対称ハーフブリッジ回路では，一つのコンデンサ（図 5.38 の C_3）の電圧が変化して変圧器印加電圧のバランスを確保する。コンデンサ C_3 の電圧 v_{C3} は次式で与えられる。

$$v_{C3} = V_{in}\alpha \tag{5.97}$$

出力電圧 V_{out} は，通常のハーフブリッジ回路（図 5.33）と同じく次式で与えられる。

$$V_{out} = 2\frac{n_2}{n_1}V_{in}\alpha(1-\alpha) \tag{5.98}$$

直流励磁の発生やソフトスイッチングの原理も，通常のハーフブリッジ回路（図 5.33）と同じである．

5.10 LLC方式DC/DCコンバータ

5.10.1 LLC方式の概要

LLC方式DC/DCコンバータの回路構成と各部の記号を図 **5.39** に示す．二つのリアクトル L_r と L_m およびコンデンサ C_r で共振回路を構成しているので，LLC方式DC/DCコンバータと呼ばれている．略して **LLCコンバータ** とも呼ばれる．L_r と L_m はそれぞれ変圧器の漏れインダクタンスと励磁インダクタンスを利用できる．スイッチ素子にFETを使用した場合は，D_1 と D_2，および C_1 と C_2 はそれぞれFETの寄生ダイオード，および寄生容量を使用できる．変圧器とスイッチ素子の寄生要素を省略した回路図を図 **5.40** に示す．5.9.6項で説明した非対称ハーフブリッジ回路から平滑リアクトルを削除した簡単な回路構成であるが，質の高いソフトスイッチングを実現できるので広く用いられている．

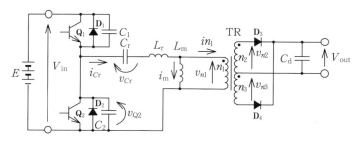

図 **5.39** LLCコンバータの回路構成と各部の記号

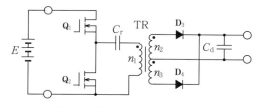

図 **5.40** 寄生要素を除いた回路図

図 **5.41** はハーフブリッジ方式LLCコンバータである．図 5.39 の C_r の代わりに C_{r1} と C_{r2} を共振要素として使用している．図 **5.42** はフルブリッジ方式LLC

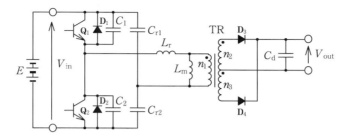

図 5.41 ハーフブリッジ方式 LLC コンバータ

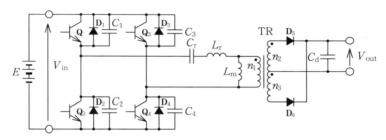

図 5.42 フルブリッジ方式 LLC コンバータ

コンバータである．このようにいろいろなバリエーションがあるが，図 5.39 の非対称ハーフブリッジ方式が最も広く普及しており，単に LLC 方式といえば図 5.39 の回路構成を意味する場合が多い．本書では図 5.39 の回路構成を詳しく説明するが，図 5.41 や図 5.42 も動作原理は同じである．

5.10.2　LLC 方式の基本動作

図 5.39 において Q_1 と Q_2 は短いデッドタイムを挟んで交互にオン・オフする．通流率はデッドタイムを無視すれば Q_1 と Q_2 ともに 0.5 で固定である．したがって，PWM 制御ではなく周波数制御で出力電圧を制御する．C_r と L_r で直列共振回路を構成しているが，同時に C_r と $L_r + L_m$ でも共振するので二つの共振周波数を有している．C_r と L_r の共振周波数 f_r は，通常 C_r と $L_r + L_m$ の共振周波数 f_m より高い周波数（数倍程度）に設定する．動作周波数 f は，f_r と f_m の間に設定する．

LLC 方式は回路構成は簡単であるが動作は複雑で，正確な出力電圧の計算式を簡単に導出することはできない．そこで共振回路の特性を反映した近似的な等

価回路を用いて計算式を導出する。図 5.39 において C_r, L_r, L_m の共振回路の入力電圧はスイッチ素子 Q_2 の電圧 v_{Q2} に相当する。Q_1 と Q_2 は交互にオン・オフするので，v_{Q2} はピーク値が V_{in} の方形波であり，図 5.39 は**図 5.43** のように表すことができる。C_r の電圧 v_{Cr} は図示の極性に $\frac{1}{2}V_{in}$ の直流成分を有している。R_L は負荷抵抗である。

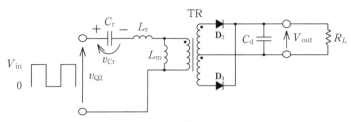

図 5.43 共振回路の入力電圧

図 5.43 に対して入力電圧と C_r 電圧からともに $\frac{1}{2}V_{in}$ を減算して直流成分をなくし，さらに入力電圧 v_{Q2} を正弦波で近似して $V_{in}{}'$ とし，負荷抵抗 R_L を 1 次側に換算すると**図 5.44** を得る。$V_{out}{}'$ は出力電圧 V_{out} の 1 次側換算値である。負荷抵抗 $R_L{}'$ は実際の負荷抵抗 R_L から (5.99) 式で換算する。R_L に $\left(\frac{n_1}{n_2}\right)^2$ を乗じて 1 次側に換算し，さらに消費電力が等しくなるように $\frac{8}{\pi^2}$ を乗じて正弦波交流に換算している。

$$R_L{}' = \frac{8}{\pi^2}\left(\frac{n_1}{n_2}\right)^2 R_L \tag{5.99}$$

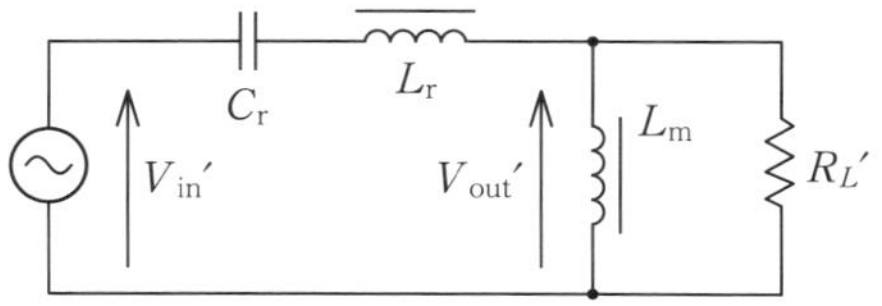

図 5.44 正弦波近似等価回路

図 5.44 から次のように，複素数計算で $V_{in}{}'$ と $V_{out}{}'$ の関係式が求められる。ここで，$Z_s = \dfrac{1}{j\omega C_r} + j\omega L_r$, $Z_p = \dfrac{1}{\dfrac{1}{j\omega L_m} + \dfrac{1}{R_L{}'}}$ と置くと

$$\frac{V_{\text{out}}'}{V_{\text{in}}'} = \frac{Z_p}{Z_s + Z_p} = \frac{1}{1 + \frac{Z_s}{Z_p}}$$

$$= \frac{1}{1 + \left(\frac{1}{j\omega C_r} + j\omega L_r\right)\left(\frac{1}{j\omega L_m} + \frac{1}{R_L'}\right)}$$

$$= \frac{1}{\left(1 + \frac{L_r}{L_m} - \frac{1}{\omega^2 L_m C_r}\right) + j\left(\frac{\omega L_r}{R_L'} - \frac{1}{\omega C_r R_L'}\right)}$$

$S = \dfrac{L_m}{L_r},\ F = \dfrac{f}{f_r},\ f_r = \dfrac{1}{2\pi\sqrt{L_r C_r}},\ Q = \dfrac{\sqrt{\dfrac{L_r}{C_r}}}{R_L'}$ と置くと

$$\frac{V_{\text{out}}'}{V_{\text{in}}'} = \frac{1}{\left(1 + \frac{1}{S} - \frac{1}{SF^2}\right) + jQ\left(F - \frac{1}{F}\right)}$$

$$\therefore \frac{|V_{\text{out}}'|}{|V_{\text{in}}'|} = \frac{1}{\sqrt{\left(1 + \frac{1}{S} - \frac{1}{SF^2}\right)^2 + Q^2\left(F - \frac{1}{F}\right)^2}} \quad (5.100)$$

たとえば，表 5.3 の回路定数のとき次のように計算できる。

表 5.3 計算に使用する回路定数

入力電圧 V_{in}	400 V
共振用コンデンサ C_r	0.02 μF
漏れインダクタンス L_r	200 μH
励磁インダクタンス L_m	1 mH
変圧比 $n_1 : n_2$	10:1
負荷抵抗 R_L	3 Ω
動作周波数 f	70 kHz

$$S = \frac{1\,\text{mH}}{200\,\mu\text{H}} = 5 \qquad f_r = \frac{1}{2\pi\sqrt{200\,\mu\text{H} \times 20\,\text{nF}}} = 80\,\text{kHz}$$

$$F = \frac{70\,\text{kHz}}{80\,\text{kHz}} = 0.875 \qquad R_L' = \frac{8}{\pi^2} \times 10^2 \times 3 = 243\,\Omega$$

$$Q = \frac{\sqrt{\dfrac{200\,\mu\text{H}}{20\,\text{nF}}}}{243} = 0.412$$

$$\frac{|V_{\text{out}}'|}{|V_{\text{in}}'|} = \frac{1}{\sqrt{\left(1 + \frac{1}{5} - \frac{1}{5 \times 0.875^2}\right)^2 + 0.412^2 \left(0.875 - \frac{1}{0.875}\right)^2}}$$

$$= 1.055$$

$$\therefore V_{\text{out}} = 1.055 \times V_{\text{in}}' \times \frac{n_2}{n_1} = 1.055 \times 200 \text{ V} \div 10 = 21.1 \text{ V}$$

式 (5.100) を用い，表 5.3 の回路定数で負荷抵抗 R_L を 6 段階に変化させて出力電圧 V_{out} の周波数特性を求めると図 5.45 を得る。

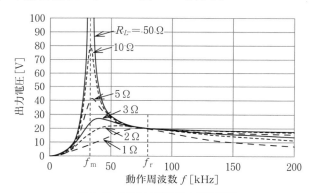

図 5.45　LLC 方式の出力電圧特性

出力電圧の周波数特性には次の特徴がある。

① $f = f_r$ では，C_r と L_r が直列共振しているのでインピーダンス 0 であり，$V_{\text{out}}' = V_{\text{in}}'$ である。したがって，負荷抵抗 R_L が変化しても出力電圧は変化しない。

② $f_m < f < f_r$ では，負荷が重くなる（R_L が小さくなる）と出力電圧は低下する。

③ f が f_m に近づくと，出力電圧が増加する。これは C_r と $L_m + L_r$ の直列共振の結果，L_m の電圧が大となり，その電圧が変圧器に印加されるからである。

式 (5.100) は図 5.44 の正弦波近似等価回路から導出したので誤差を含む。正確な出力電圧を求めるには回路シミュレータを使用する必要がある。表 5.3 の回路定数で，シミュレーションで求めた出力電圧と式 (5.100) を用いて計算した正弦波近似計算の出力電圧との比較を表 5.4 に示す。動作周波数 f が共振周波数

表 5.4 出力電圧 V_{out} の比較(共振周波数 f_r は 80 kHz)

	70 kHz	60 kHz	50 kHz	40 kHz
シミュレーションにて	21.1 V	23.5 V	28.0 V	34.4 V
正弦波近似計算にて	21.1 V	22.7 V	25.1 V	27.2 V

f_r に近いときは,C_r の電流 i_{Cr} の波形は正弦波に近いので誤差は少ないが,共振周波数から離れると誤差が拡大する.

5.10.3 LLC 方式の動作モード

LLC 方式の基本となる四つの動作モードを図 **5.46** に示す.図 5.39 の L_m は励磁インダクタンスを使用すると考え,図 5.46 では表示していない.表 5.3 の条件で求めた回路シミュレータによる主要な回路素子の電圧・電流波形を図 **5.47** に示す.各動作モードの概要は次のとおりである.

<モード 1:Q_1 がオン,Q_2 はオフ>

Q_1 がオンしているので C_r と L_r の直列共振回路が形成され,図 5.46 の実線の径路で共振電流が流れる.共振電流は変圧器を介して D_3 を流れ,出力側に供給される.図 5.47 の Q_1 電流と D_3 電流は,モード 1 では正弦波状に変化しており,共振電流であることがわかる.D_3 が導通しているので変圧器の n_2 巻線電圧 v_{n2} は出力電圧 V_{out} でクランプされている.V_{out} は変圧器に正方向に印加されているので,励磁電流は正方向に直線的に増加する.次式が成立する.

$$v_{n1} = \frac{n_1}{n_2} v_{n2} = \frac{n_1}{n_2} V_{\text{out}} \tag{5.101}$$

$$\Delta i_m = \frac{1}{L_m} v_{n1} T_1 = \frac{1}{L_m} \frac{n_1}{n_2} V_{\text{out}} T_1 \tag{5.102}$$

$$V_{\text{in}} = \frac{n_1}{n_2} V_{\text{out}} + v_{Lr} + v_{Cr} \tag{5.103}$$

なお,Δi_m はモード 1 期間の励磁電流の変化量,T_1 はモード 1 の継続時間である.C_r と L_r の共振が終了し,D_3 電流が 0 となって次のモードへ移行する.

<モード 2:Q_1 がオン,Q_2 はオフ>

C_r と L_r の共振電流が流れ終わり,励磁電流だけが流れ続けているので

$$v_{n1} = (V_{\text{in}} - v_{Cr}) \frac{L_m}{L_r + L_m} \tag{5.104}$$

172　5章　ソフトスイッチング技術

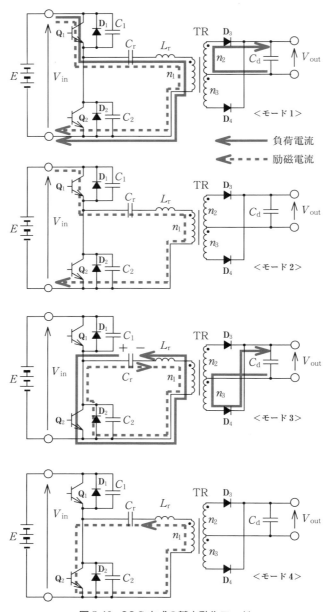

図 5.46　LLC 方式の基本動作モード

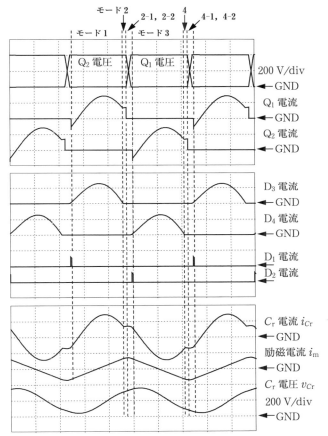

(D₁ 電流・D₂ 電流は 10 A/div, その他は 1 A/div, 4 µs/div)

図 5.47 LLC 方式各部のシミュレーション波形（表 5.3 の条件にて）

$$i_\mathrm{m}(t) = i_\mathrm{m}(0) + \frac{1}{L_\mathrm{m}} \int_0^t v_{n1}(\tau) d\tau \tag{5.105}$$

が成立する．なお，t はモード 2 開始からの経過時間，$i_\mathrm{m}(0)$ はモード 2 開始時点の励磁電流の大きさである．Q_1 がターンオフし，Q_2 がターンオンして次のモードへ移行する．

＜モード 3：Q_2 がオン，Q_1 はオフ＞　前節で説明したように，C_r の電圧 v_{Cr} は $\frac{1}{2}V_\mathrm{in}$ の直流バイアス電圧を持っている．図 5.47 では 200 V である．さらに，C_r はモード 1 とモード 2 で正方向に充電されており，モード 3 の開始時点では

v_{Cr} は高い正の電圧となっている。したがって，Q_2 のターンオンと同時に，モード 1 とは逆の方向に C_r と L_r の共振電流が流れる。共振電流は変圧器を介して D_4 を流れ，出力側に供給される。D_4 が導通しているので，変圧器の n_3 巻線には出力電圧 V_{out} が負の方向に印加される。負の電圧により励磁電流は減少し，モード 3 の後半では負となる。次式が成立する。

$$v_{n1} = \frac{n_1}{n_2} v_{n3} = -\frac{n_1}{n_2} V_{out} \tag{5.106}$$

$$\Delta i_m = \frac{1}{L_m} v_{n1} T_3 = -\frac{1}{L_m} \frac{n_1}{n_2} V_{out} T_3 \tag{5.107}$$

$$0 = -\frac{n_1}{n_2} V_{out} + v_{Lr} + v_{Cr} \tag{5.108}$$

なお，Δi_m はモード 3 期間の励磁電流の変化量，T_3 はモード 3 の継続時間であり，モード 1 の継続時間 T_1 に等しい。C_r と L_r の共振が終了し，D_4 電流が 0 となって次のモードに移行する。

＜モード 4：Q_2 がオン，Q_1 はオフ＞　　C_r と L_r の共振電流が流れ終わり，励磁電流だけが流れ続けている。励磁電流の方向は逆であるが，モード 2 と同じ動作である。次式が成立する。

$$v_{n1} = -v_{Cr} \frac{L_m}{L_r + L_m}$$

$$i_m(t) = i_m(0) + \frac{1}{L_m} \int_0^t v_{n1}(\tau) d\tau$$

なお，t はモード 4 開始からの経過時間，$i_m(0)$ はモード 4 開始時点の励磁電流の大きさである。Q_2 がターンオフし，Q_1 がターンオンしてモードに 1 へ移行する。

5.10.4　過渡時の動作モードとソフトスイッチング

前項で説明した四つの基本動作モードのうち，モード 2 からモード 3 への移行時，およびモード 4 からモード 1 への移行時に，過渡的な動作モードが発生する。それぞれの電流径路を図 5.48 と図 5.49 に示す。これらの動作モードによってソフトスイッチングを実現している。

＜モード 2-1 と 2-2＞（図 5.48）　　モード 2 からモード 3 への過渡時にモード 2-1 と 2-2 が発生する。モード 2 では図 5.46 に示したように Q_1 を通って励

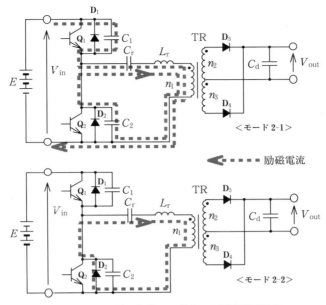

図 5.48 モード 2 からモード 3 への過渡時の動作

磁電流が流れている。Q_1 がターンオフするとモード 2-1 に移行し，励磁電流は Q_1 から C_1 に転流して C_1 を充電し，C_1 電圧は上昇する。それに伴い，C_2 は「$C_2 \to C_r \to L_r \to n_1 \to C_2$」の径路で放電する。$C_1$ の充電と C_2 の放電が完了すると D_2 が導通し，モード 2-2 に移行する。Q_1 ターンオフ時は C_1 電圧は 0 V なので ZVS，Q_2 のターンオンは D_2 が導通してから行われるので ZVS である。

図 5.47 においてモード 2-1 では Q_1 の V_{DS} が増加し，Q_2 の V_{DS} が減少しているが，これは C_1 が充電され，C_2 が放電されていることを示している。V_{DS} の増減が完了したあと，D_2 電流が短時間流れているが，これは励磁電流が C_2 から D_2 に転流したことを示している。

＜モード 4-1 と 4-2＞（図 5.49） Q_1 がターンオフし，Q_2 がターンオンするときにモード 2-1 と 2-1 が発生したが，モード 4-1 と 4-2 は，逆に Q_2 がターンオフし，Q_1 がターンオンするときに発生する。動作原理はモード 2-1, 2-2 と同じであり，励磁電流により C_1 と C_2 の充放電が行われて Q_1 と Q_2 の ZVS が実現する。

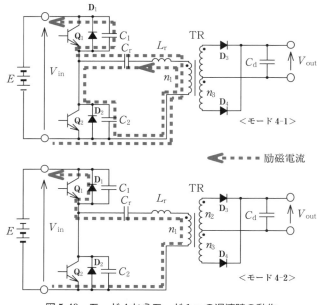

図 5.49 モード 4 からモード 1 への過渡時の動作

5.10.5 過負荷時の動作[14]

LLC 方式では図 5.45 に示したように，負荷が重く（R_L が小さく）なると出力電圧が低下する。その結果，過渡時の動作モードが変化し，ソフトスイッチング失敗に到る。以下に，その原因を説明する。モード 2 の等価回路を図 5.50 に示す。

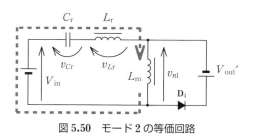

図 5.50 モード 2 の等価回路

平滑コンデンサ C_d は電圧 V_{out} の定電圧源とみなし，さらに 1 次側に換算して V_{out}' としている。$V_{out}' = \dfrac{n_1}{n_2} V_{out}$ である。モード 2 では励磁電流だけが流れており，「$V_{in} - v_{Cr}$」の電圧を L_r と L_m で分圧しているので，v_{n1} は (5.104)

で与えられる。通常は次式が成立する。

$$v_{n1} = (V_{in} - v_{Cr})\frac{L_m}{L_r + L_m} < V_{out}' \qquad (5.109)$$

したがって，D_4 は逆バイアスとなり非導通である。負荷が重く出力電圧が低いときは $(V_{in} - v_{Cr})\frac{L_m}{L_r + L_m} > V_{out}'$ となり，D_4 は順バイアスされ，励磁電流は2次側に転流する。この動作をモード2′とし，図 5.51 に電流径路を示す。励磁電流は急速に1次側から2次側に転流し，すべてが転流すると次の動作モード（モード 2′-1）に移行する。C_r は図示の極性で高い電圧に充電されているので C_r が電源となり，実線の径路で負荷電流が流れ，D_1 が導通する。その後，Q_2 がターンオンすると D_1 の逆回復時間の間「$E \to D_1 \to Q_2 \to E$」の径路で大きな電流が流れ，大きなスイッチング損失が発生する。なお，過負荷時はモード 4 でも同じ現象が発生する。

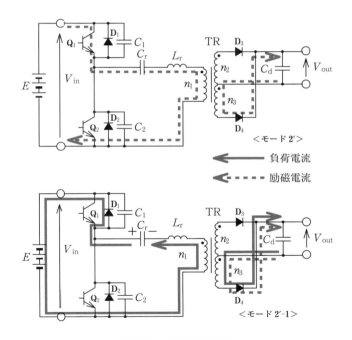

図 5.51　過負荷時の動作

5.11 DAB方式双方向DC/DCコンバータ

5.11.1 DAB方式の回路構成

DAB方式DC/DCコンバータの回路構成を図5.52に示す。左右双方にフルブリッジ回路を持っているので，DAB (Dual Active Bridge) 方式と呼ばれている。L_1とL_2は変圧器の漏れインダクタンスも利用できる。$C_1 \sim C_8$はスイッチ素子の寄生容量または外付けコンデンサである。回路構成が左右対称なので双方向に電力が制御できる。4.5節で説明した双方向DC/DCコンバータはすべてハードスイッチングの回路方式であるが，DAB方式DC/DCコンバータはソフトスイッチングが可能な回路方式である。

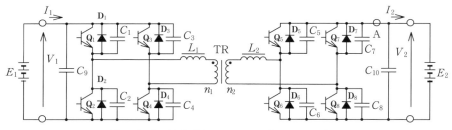

図5.52　DAB方式DC/DCコンバータの回路構成

DAB方式の等価回路を図5.53に示す。図5.52から2次側の値を1次側に換算し，変圧器を省略している。換算式を以下に示す。

$$L = L_1 + \left(\frac{n_1}{n_2}\right)^2 L_2 \tag{5.110}$$

$$V_2' = V_2 \frac{n_1}{n_2} \tag{5.111}$$

$$I_2' = I_2 \frac{n_2}{n_1} \tag{5.112}$$

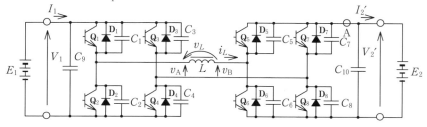

図5.53　DAB方式の等価回路

5.11.2 動作モードと電流径路

図 5.53 の等価回路で動作を検討する。図 5.54 に示すように四つの基本となる動作モードがある。$C_1 \sim C_8$ は基本動作モードには影響しないので図示していない。以下に各動作モードの概要を説明する。

＜モード 1-2：モード 1 後半＞　Q_1, Q_4, Q_6, Q_7 がオンしているので E_1 と E_2 が直列につながり，両者の電圧の和がリアクトル L に印加される。したがって，L の電流 i_L は正方向に急速に増加する。E_1 と E_2 はともに放電している。次式が成立する。

$$v_L = V_1 + V_2' \tag{5.113}$$

Q_6 と Q_7 がターンオフして次の動作モードへ移行する。

＜モード 2＞　Q_6 と Q_7 がオフした結果，Q_6 と Q_7 の電流は D_5 と D_8 に転流する。その結果，E_2 は放電から充電に転じる。次式が成立する。

$$v_L = V_1 - V_2' \tag{5.114}$$

Q_1 と Q_4 がターンオフして次のモードへ移行する。

＜モード 3-1：モード 3 前半＞　Q_1 と Q_4 がターンオフするが，L の電流は同じ方向に流れ続けるので D_2 と D_3 が導通する。その結果，E_1 と E_2 はともに充電される。したがって，L には E_1 電圧と E_2 電圧の和が逆方向に印加され，L の電流は急速に減少する。次式が成立する。

$$v_L = -(V_1 + V_2') \tag{5.115}$$

L の電流が急速に減少し，0 A となって次のモードへ移行する。

＜モード 3-2：モード 3 後半＞　オンしているトランジスタはモード 3-1 と同じである。L には引き続き式 (5.115) で与えられる負方向の電圧が印加されているので i_L は負の値となり，電流の方向がモード 3-1 から逆転し，Q_2, Q_3, Q_5, Q_8 を流れる。i_L は負方向に急速に増加する。Q_5 と Q_8 がターンオフして次のモードへ移行する。

＜モード 4＞　Q_5 と Q_8 がターンオフした結果，Q_5 と Q_8 の電流は D_6 と D_7 に転流する。その結果，E_2 は放電から充電に転じる。次式が成立する。

5章 ソフトスイッチング技術

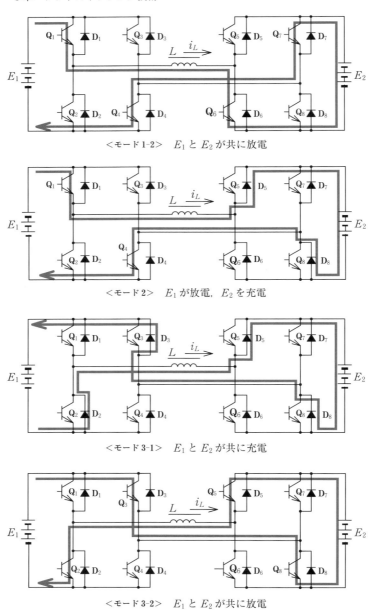

<モード1-2> E_1 と E_2 が共に放電

<モード2> E_1 が放電，E_2 を充電

<モード3-1> E_1 と E_2 が共に充電

<モード3-2> E_1 と E_2 が共に放電

(次頁へ続く)

図 5.54　DAB方式の動作モードと電流径路

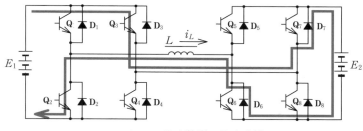

<モード 4>　E_1 が放電，E_2 を充電

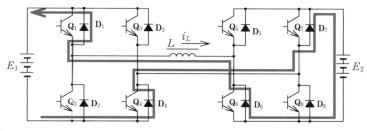

<モード 1-1>　E_1 と E_2 が共に充電

$$v_L = -V_1 + V_2' \tag{5.116}$$

Q_2 と Q_3 がターンオフして次のモードへ移行する．

<モード 1-1：モード 1 前半>　Q_2 と Q_3 がターンオフするが，L の電流は同じ方向に流れ続けるので D_1 と D_4 が導通する．その結果，E_1 と E_2 はともに充電される．したがって，L には E_1 電圧と E_2 電圧が加算されて電流とは逆方向に印加され，L の電流は急速に減少する．v_L の式はモード 1-2 と同じく，式 (5.113) である．L の電流が急速に減少し，0 A となってモード 1-2 へ移行する．

上記の動作モードから，DAB 方式では $Q_1 \sim Q_8$ を適切に制御して E_1 と E_2 の極性を切り替え，その結果，リアクトル L に印加される電圧を調整して L の電流を制御していることがわかる．リアクトル電流と E_1, E_2 の極性の関係を図 **5.55** に示す．

スイッチ素子のタイムチャートと v_A, v_B, i_L 波形を図 **5.56** に示す．図 5.53 に示すように，v_A はリアクトル L の E_1 側の電圧，v_B は E_2 側の電圧である．電力の流れが E_1 から E_2 のときは v_A は v_B より進む．位相差を θ とする．図 5.55

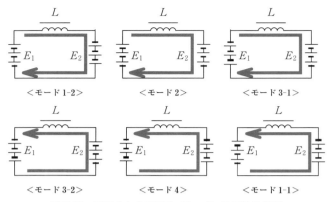

図 5.55 リアクトル電流と E_1, E_2 の極性の関係

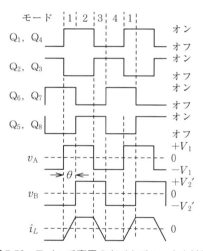

図 5.56 スイッチ素子のタイムチャートと波形

と図 5.56 から，i_L はモード 1 で正方向に増加，モード 3 で負方向に増加，モード 2 とモード 4 で E_1 が放電，E_2 を充電している．なお，図 5.56 は E_1 の電圧 V_1 と E_2 の電圧 V_2 が等しいときの波形である．このときはモード 2 とモード 4 では L の電圧 v_L はゼロとなり，i_L は変化しない．$V_1 > V_2'$ のときはモード 2 とモード 4 では，L には電流を増加させる方向に電圧が印加される．逆に，$V_1 < V_2'$ のときは電流を減少させる方向に電圧が印加される．**図 5.57** にそれぞれの場合の i_L 波形を示す．

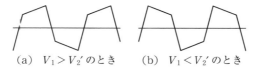

(a) $V_1 > V_2'$ のとき   (b) $V_1 < V_2'$ のとき

図 5.57 入出力電圧の大小関係によるリアクトル電流 i_L の変化

図 5.55 は電力の流れが左から右，すなわち E_1 が放電，E_2 を充電のときの動作モードである．電力の流れを逆転させたときの動作モードを図 5.58 に示す．図 5.55 と比べると，モード 1 とモード 3 で L の電流を増加させる方向が逆になる．

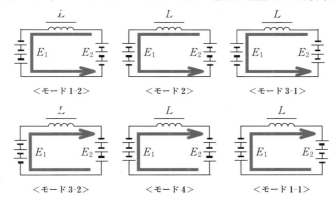

図 5.58 電力の方向を逆転させたときの動作モード（E_2 が放電，E_1 を充電）

5.11.3 過渡状態の動作モードとソフトスイッチングの原理

モード 1,2,3,4 それぞれの移行時に過渡的な動作モードが発生する．これらの動作モードによってソフトスイッチングが実現される．これらの動作モードの電流径路を図 5.59 に示す．各動作モードの概要は次のとおりである．

＜モード 1-3：モード 1 からモード 2 への移行＞　モード 1-2（モード 1 後半）では図 5.54 に示したように，2 次側では Q_6 と Q_7 に電流が流れている．Q_6 と Q_7 がターンオフすると，Q_6 と Q_7 に流れていた電流がリアクトル L の定電流機能により D_5 と D_8 に転流してモード 2 となる．モード 1-3 はその過渡時の動作モードである．

Q_6 と Q_7 がターンオフした結果，E_2 側の四つの素子はすべてオフ状態となる．それでもリアクトルの定電流機能により，電流 i_L は同じ値で次の二つの径路を流れ続ける．

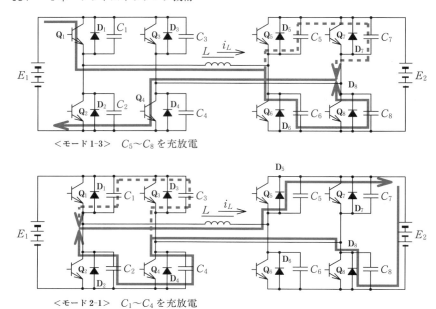

図5.59 DAB方式の過渡時の電流経路

$$L \rightarrow C_6 \rightarrow C_8 \rightarrow Q_4$$
$$L \rightarrow C_5 \rightarrow C_7 \rightarrow Q_4$$

その結果，C_6 と C_7 は充電され，C_5 と C_8 は放電される。充放電に要する時間は i_L の大きさとコンデンサの容量で決まり，1周期に対して無視できるほど小さいが，Q_6 と Q_7 のターンオフ時間よりは十分長い値となるように設計する。その結果，Q_6 と Q_7 のターンオフは ZVS となる。コンデンサの充放電が完了した後，リアクトル電流はさらに流れ続けるので，D_5 と D_8 が導通してモード2に移行する。D_5 と D_8 の導通後，Q_5 と Q_8 がターンオンするので，Q_5 と Q_8 のターンオンも ZVS である。

これら一連の動作はリアクトル L の定電流機能による。したがって，モード1-3が完了してモード2に移行するための条件は，モード1-2終了時にリアクトル電流 i_L が正の値を持つことである。

＜モード2-1：モード2からモード3への移行＞　モード2では図5.54に示したように，E_1 側では Q_1 と Q_4 に電流が流れている。Q_1 と Q_4 がターンオフ

すると，Q_1 と Q_4 に流れていた電流がリアクトル L の定電流機能により，D_2 と D_3 に転流してモード 3 となる．モード 2-1 はその過渡時の動作モードである．

Q_1 と Q_4 がターンオフした結果，E_1 側の四つの素子はすべてオフ状態となる．それでもリアクトル電流 i_L は同じ値で次の二つの径路を流れ続ける．

$$L \rightarrow D_5 \rightarrow E_2 \rightarrow D_8 \rightarrow C_4 \rightarrow C_2 \rightarrow L$$
$$L \rightarrow D_5 \rightarrow E_2 \rightarrow D_8 \rightarrow C_3 \rightarrow C_1 \rightarrow L$$

その結果，C_1 と C_4 は充電され，C_2 と C_3 は放電される．充放電に要する時間はモード 1-3 と同様に，i_L の大きさとコンデンサの容量で決まり，1 周期に対して無視できるほど小さいが，Q_1 と Q_4 のターンオフ時間よりは十分長い値となるように設計する．その結果，Q_1 と Q_4 のターンオフは ZVS となる．コンデンサの充放電が完了した後，リアクトル電流はさらに流れ続けるので，D_2 と D_3 が導通してモード 3 に移行する．D_2 と D_3 の導通後，Q_2 と Q_3 がターンオンするので，Q_2 と Q_3 のターンオンも ZVS である．

これら一連の動作はモード 1-3 と同様に，リアクトル L の定電流機能による．したがって，モード 2-1 が完了してモード 3 に移行するための条件はモード 2 の終了時にリアクトル電流 i_L が正の値を持つことである．

モード 3-2 からモード 4 へ移行するときは，過渡時の動作モード 3-3 が発生する．このときはモード 1-3 と同様に，E_2 側ブリッジのすべてのコンデンサの充放電が行われる．ただし，各コンデンサの充電と放電はモード 1-3 の逆である．

表 5.5 過渡時の動作モードの詳細

過渡時のモード番号	1-3	2-1	3-3	4-1
開始前のモード番号	1-2	2	3-2	4
終了後のモード番号	2	3-1	4	1-1
ターンオフする素子（注 1）	Q_6, Q_7	Q_1, Q_4	Q_5, Q_8	Q_2, Q_3
ターンオンする素子（注 2）	Q_5, Q_8	Q_2, Q_3	Q_6, Q_7	Q_1, Q_4
充電されるコンデンサ	C_6, C_7	C_1, C_4	C_5, C_8	C_2, C_3
放電するコンデンサ	C_5, C_8	C_2, C_3	C_6, C_7	C_1, C_4
成立条件	$i_L > 0$	$i_L > 0$	$i_L < 0$	$i_L < 0$

（注 1）ターンオフするのは前の動作モードの終了時である．
（注 2）ターンオンするのは後の動作モードの開始直後である．

また，モード 4 からモード 1-1 へ移行するときには，過渡時の動作モード 4-1 が発生する．このときはモード 2-1 と同様に，E_1 側ブリッジのすべてのコンデンサの充放電が行われる．ただし，各コンデンサの充電と放電はモード 2-1 の逆である．これら過渡状態のすべての動作モードの詳細を表 5.5 にまとめて示す．

5.11.4 リアクトル電流波形とその計算方法

前項で説明したように過渡時の動作モード成立の可否は，リアクトル電流 i_L の正負で決定される．また，出力電流，出力電圧などもリアクトル電流から計算される．リアクトル電流計算方法の概略は次のとおりである．

リアクトル電流 i_L の波形と動作モードを図 5.60 に示す．

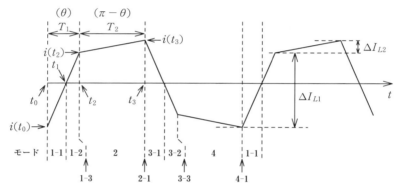

図 5.60 DAB 方式のリアクトル電流 i_L の波形と動作モード

各パラメータを次のように定める．

t_0：モード 1-1 の開始時刻

t_1：モード 1-2 の開始時刻

t_2：モード 2 の開始時刻

t_3：モード 3-1 の開始時刻

なお，モード 1-3，2-1，3-3，4-1（過渡時の動作モード）は十分短いので，この計算では無視する．

$i(t_0), i(t_1), i(t_2), i(t_3)$：時刻 t_0, t_1, t_2, t_3 のリアクトル電流

T_1, T_2：モード 1，モード 2 の継続時間

θ：1周期を $2\pi\,[\mathrm{rad}]$ としたときの T_1 の角度

ΔI_{L1}：モード1のリアクトル電流変化量

ΔI_{L2}：モード2のリアクトル電流変化量

図 5.60 から明らかなように次式が成立する。

$$T_2\text{の角度} = \pi - \theta \tag{5.117}$$

$$i(t_0) = -i(t_3) \tag{5.118}$$

$$i(t_1) = 0 \tag{5.119}$$

$$i(t_2) = i(t_3) - \Delta I_{L2} \tag{5.120}$$

$$i(t_3) = \frac{\Delta I_{L1} + \Delta I_{L2}}{2} \tag{5.121}$$

モード1の式 (5.113) とモード2の式 (5.114) から

$$\begin{aligned}\Delta I_{L1} + \Delta I_{L2} &= \frac{1}{L}(V_1 + V_2')T_1 + \frac{1}{L}(V_1 - V_2')T_2 \\ &= \frac{(T_1 + T_2)V_1 + (T_1 - T_2)V_2'}{L}\end{aligned} \tag{5.122}$$

1周期を T とすると T_1 と T_2 に関して次式が成立する。

$$T_1 = \left(\frac{\theta}{2\pi}\right)T = \frac{\theta}{\omega} \tag{5.123}$$

$$T_2 = \frac{\pi - \theta}{\pi} \times \frac{T}{2} = \frac{\pi - \theta}{\omega} \tag{5.124}$$

T_1 と T_2 を式 (5.122) に代入して

$$\Delta I_{L1} + \Delta I_{L2} = \frac{\pi V_1 + (2\theta - \pi)V_2'}{\omega L} \tag{5.125}$$

よって

$$i(t_3) = \frac{\Delta I_{L1} + \Delta I_{L2}}{2} = \frac{\pi V_1 + (2\theta - \pi)V_2'}{2\omega L} \tag{5.126}$$

$$i(t_2) = i(t_3) - \Delta I_{L2} = \frac{(2\theta - \pi)V_1 + \pi V_2'}{2\omega L} \tag{5.127}$$

図 5.60 のモード1において，三角形の相似性より

$$(t_1 - t_0) : (t_2 - t_1) = -i(t_0) : i(t_2) = i(t_3) : i(t_2) \tag{5.128}$$

よって

$$t_1 - t_0 = T_1 \times \frac{i(t_3)}{i(t_2) + i(t_3)} \tag{5.129}$$

$$t_2 - t_1 = T_1 \times \frac{i(t_2)}{i(t_2) + i(t_3)} \tag{5.130}$$

t_0 を起点として $t_0 = 0$ とし，リアクトル電流 i_L の理論波形の確定に必要な式をまとめると以下を得る。

$$t_1 = T_1 \times \frac{i(t_3)}{i(t_2) + i(t_3)} \tag{5.131}$$

$$t_2 = T_1 \tag{5.132}$$

$$t_3 = T_1 + T_2 \tag{5.133}$$

$$T_1 = \frac{\theta}{\omega} \tag{5.134}$$

$$T_2 = \frac{\pi - \theta}{\omega} \tag{5.135}$$

$$i(t_0) = -i(t_3) \tag{5.136}$$

$$i(t_1) = 0 \tag{5.137}$$

$$i(t_2) = \frac{(2\theta - \pi)V_1 + \pi V_2'}{2\omega L} \tag{5.138}$$

$$i(t_3) = \frac{\pi V_1 + (2\theta - \pi)V_2'}{2\omega L} \tag{5.139}$$

$$V_2' = \left(\frac{n_1}{n_2}\right) V_2 \tag{5.140}$$

$$\omega = 2\pi f \tag{5.141}$$

したがって，次の 6 個の数値を与えれば理論波形が確定する。

動作周波数 f

リアクトルのインダクタンス L

入力電圧 V_1

出力電圧 V_2

変圧比 $\dfrac{n_1}{n_2}$

角度 θ

5.11.5　出力電流と出力電力計算式の導出

図 5.55 から電力の流れが E_1 から E_2 のとき，E_2 は次のように四つの動作モードで充電され，二つの動作モードで放電している．

　　　充電　モード 2, 3-1, 4, 1-1

　　　放電　モード 1-2, 3-2

これら六つの動作モードにおいて，図 5.52 の平滑コンデンサ C_{10} の手前の点 A を通過する電荷を計算する．点 A を通過する電荷の和は負荷（電圧源 E_2）に供給される電荷に等しく，電荷から出力電流と出力電力を求める．なお，モード 1-3 などの過渡時の動作モードは電荷の計算では無視できる．

(1)　電荷の計算

図 5.60 に示す波形から，動作モード 1-1, 1-2, 2 において，点 A を通過する電荷 Q_{1-1}, Q_{1-2}, Q_2 は，それぞれ

$$Q_{1-1} = (t_1 - t_0) \times |i(t_0)| \div 2 = (t_1 - t_0) \times i(t_3) \div 2 \quad (5.142)$$

$$Q_{1-2} = (t_2 - t_1) \times i(t_2) \div 2 \quad (5.143)$$

$$Q_2 = T_2 \times (i(t_2) + i(t_3)) \div 2 \quad (5.144)$$

のように導出される．式 (5.129), (5.134), (5.138), (5.139) を式 (5.142) に代入して整理すると

$$Q_{1-1} = \frac{(\pi V_1 + (2\theta - \pi) V_2')^2}{8\omega^2 L (V_1 + V_2')} \quad (5.145)$$

式 (5.130), (5.134), (5.138) を式 (5.143) に代入して

$$Q_{1-2} = \frac{((2\theta - \pi) V_1 + \pi V_2')^2}{8\omega^2 L (V_1 + V_2')} \quad (5.146)$$

式 (5.135), (5.138), (5.139) を式 (5.144) に代入して

$$Q_2 = \frac{\theta(\pi - \theta)(V_1 + V_2')}{2\omega^2 L} \quad (5.147)$$

モード 3-1, 3-2, 4 の充放電電荷はそれぞれモード 1-1, 1-2, 2 に等しいので，1 サイクルに点 A を通過する電荷 Q は

$$Q = 2 \times (Q_{1-1} - Q_{1-2} + Q_2) \tag{5.148}$$

式 (5.145), (5.146), (5.147) を式 (5.148) に代入して整理すると

$$Q = \frac{2V_1 \theta(\pi - \theta)}{\omega^2 L} \tag{5.149}$$

が得られる。

(2) 出力電流と出力電力の計算

「電流 = 1 サイクルの電荷 × 周波数」なので

$$\text{出力電流 } I_2' = Q \times f \tag{5.150}$$

式 (5.149) を式 (5.150) に代入して整理すると

$$I_2' = \frac{V_1}{\omega L} \theta \left(1 - \frac{\theta}{\pi}\right) \tag{5.151}$$

$$I_2 = \frac{V_1}{\omega L} \theta \left(1 - \frac{\theta}{\pi}\right) \frac{n_1}{n_2} \tag{5.152}$$

式 (5.151) は $\theta = \pi/2$ のとき最大となり，I_2' の最大値を $I_2'_{\max}$ とすると

$$I_2'_{\max} = \frac{V_1}{\omega L} \frac{\pi}{4} \tag{5.153}$$

$$I_{2\max} = \frac{V_1}{\omega L} \frac{\pi}{4} \frac{n_1}{n_2} \tag{5.154}$$

出力電力 P は出力電流の式から以下のように求まる。

表 5.6 DAB 方式回路定数の例

項目	回路定数
動作周波数 f	40 kHz
リアクトル容量 L	100 μH
入力電圧 V_1	400 V
出力電圧 V_2	220 V
変圧比 $a(n_1/n_2)$	2
角度 θ	30 度

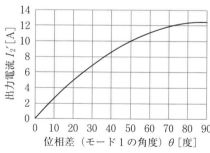

図 5.61 位相差と出力電流 I_2' の関係

$$P = \frac{V_1 V_2'}{\omega L} \theta \left(1 - \frac{\theta}{\pi}\right) \tag{5.155}$$

$$P_{\max} = \frac{V_1 V_2'}{\omega L} \frac{\pi}{4} \tag{5.156}$$

表5.6の条件で式(5.151)を用いて位相差と出力電流I_2'の関係を描画すると，図5.61を得る。位相差θを制御することにより出力電流を制御できる[15]。

5.11.6 ソフトスイッチング成立条件

5.11.4項で求めた式(5.131)〜(5.141)を用い，表5.6の回路定数で計算したリアクトル電流i_Lの波形を図5.62(a)に示す。時刻t_2とt_3で$i_L > 0$となっており，この条件ではソフトスイッチングが成立する。表5.6の定数からV_2を

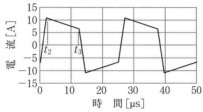

(a) ソフトスイッチング成立（$V_2 = 220$ V）

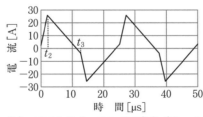

(b) ソフトスイッチング不成立（$V_2 = 340$ V）

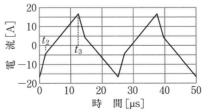

(c) ソフトスイッチング不成立（$V_2 = 100$ V）

図5.62 ソフトスイッチングの成否とリアクトル電流i_Lの波形

340 V に変更したときの i_L 波形を図 (b) に示す。時刻 t_3 で $i_L<0$ となっており，動作モード 2 から 3 に切り替わるときにソフトスイッチングが成立しない。V_2 を 100 V に変更したときの i_L 波形を図 (c) に示す。時刻 t_2 で $i_L<0$ となっており，動作モード 1 から 2 に切り替わるときにソフトスイッチングが成立しない。

動作モード 2 から 3 に切り替わるときにソフトスイッチングが成立しないときの電流径路を図 5.63 に示す。モード 2 終了時に $i_L<0$ となっているので，D_1 と D_4 が導通している。この状態で Q_2 と Q_3 がターンオンするので，D_1 と D_4 の逆回復時間に図 5.63 の＜モード 2-1'＞の径路で大きな電流が流れる。

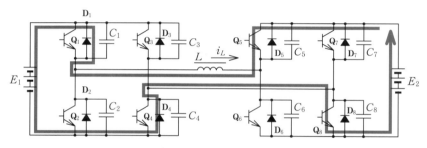

＜モード 2 終了時＞　電流の方向が逆転し，$i_L<0$ である。

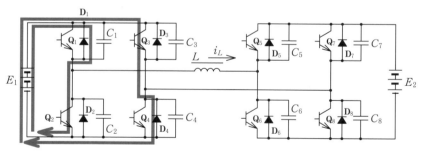

＜モード 2-1'＞　D_1 と D_4 の逆回復時間に流れる大きな電流

図 5.63　ソフトスイッチング不成立時の電流径路

ソフトスイッチング成立のためには，$i(t_2)>0$ および $i(t_3)>0$ を満足する必要があり，そのための条件が式 (5.138) と (5.139) より次のように導出される。

$$i(t_3)=\frac{\pi V_1+(2\theta-\pi)V_2'}{2\omega L}>0$$

整理して

$$\theta > \frac{\pi}{2}\left(1 - \frac{V_1}{V_2'}\right) \tag{5.157}$$

$$i(t_2) = \frac{(2\theta - \pi)V_1 + \pi V_2'}{2\omega L} > 0$$

整理して

$$\theta > \frac{\pi}{2}\left(1 - \frac{V_2'}{V_1}\right) \tag{5.158}$$

式 (5.157) と式 (5.158) から導出した昇圧比と，ソフトスイッチング成否の関係を図 **5.64** に示す．昇圧比が 1 以外ではソフトスイッチングの成立する領域に限界がある[15]．

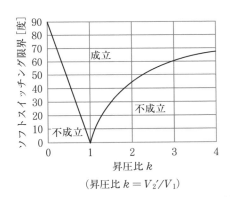

図 **5.64**　昇圧比とソフトスイッチング成否の関係

ソフトスイッチングの得意分野と不得意分野

ソフトスイッチングにはスイッチング損失と高周波ノイズの抑制という大きな長所があるが，次のような短所も存在する．

・導通損失の増加　・部品点数の増加　・制御性の悪化

ソフトスイッチングでは L と C の共振現象を利用するので，共振電流による導通損失の増加が発生する．この損失がスイッチング損失の抑制分を上回る場合は効率の向上は望めない．また，共振要素を追加するために部品点数が増加し，コストアップを招く傾向がある．さらに，共振の期間中はスイッチ素子をオン・オフできないので制御性の悪化を招きやすい．

このようにソフトスイッチングには長所と短所があるので,長所の重要性や短所の克服のしやすさによって,**コラム表 5.1** に示すように明確に得意分野と不得意分野が分かれている。たとえば,DC/DC コンバータでは,絶縁型は得意分野でありソフトスイッチングが広く普及しているが,非絶縁型では実用化は進んでいない。

コラム表 5.1

	得意分野	不得意分野
DC/DC コンバータ	絶縁型 DC/DC コンバータ 絶縁型高力率コンバータ	非絶縁型 DC/DC コンバータ 非絶縁型高力率コンバータ
家電製品	電磁調理器,電子レンジ 非接触充電器,蛍光灯照明	掃除機,洗濯機,冷蔵庫 エアコン
UPS	高周波トランス方式	トランスレス方式 商用トランス方式
連系インバータ	絶縁型	トランスレス型
電力/産業分野	誘導加熱,超音波洗浄機	モータ駆動用インバータ

得意分野は次の二つにまとめられる。
① 負荷を共振回路の一部として使用する装置 誘導加熱装置,超音波洗浄機,など
② 高周波変圧器を用いている装置 絶縁型 DC/DC コンバータ,電子レンジ,絶縁型連系インバータ,など

誘導加熱や超音波洗浄では負荷のインダクタンスやキャパシタンスを共振要素として利用することができ,部品点数の増加を抑制できる。また,絶縁形 DC/DC コンバータや電子レンジでは高周波変圧器の漏れインダクタンスと励磁インダクタンスを共振要素として利用でき,ソフトスイッチングの実現に伴う部品点数の増加を抑制できる。

上記の①と②に該当しない分野でもソフトスイッチングの研究は盛んに行われており,多数のソフトスイッチングの回路方式が提案されているが,実用化は進んでいない。ソフトスイッチングの目的はスイッチング損失の抑制と高周波ノイズの低減であるが,そのためにはスナバ回路やノイズフィルタの強化,高性能スイッチ素子の採用,動作周波数の低減,配線径路の改善などソフトスイッチング以外の手段も有効である。高周波変圧器を持たない非絶縁型の DC/DC コンバータや高力率コンバータでは多くの場合ソフトスイッチング以外の手段の方が相対的に有利となる。

章末問題

<問題 5.1> 5.6 節で説明されている部分共振型の DC/DC コンバータにおいて，スイッチ素子 Q のオン時の電流は 5 A，オフ時の電圧は 200 V であった。Q と並列のコンデンサ C が 0.01 μF のとき，Q の電圧上昇に要する時間 T_{off} を求めよ。

<問題 5.2> 通常のフルブリッジ方式（4.3.1 項で説明）と比較して，位相シフトフルブリッジ方式（5.8 節で説明）の長所・短所を説明せよ。

<問題 5.3> ハーフブリッジ方式 LLC コンバータ（図 5.41）とハーフブリッジ方式電流共振型（図 5.7）は回路構成は類似しているが，動作は大きく異なる。その原因を説明せよ。

<問題 5.4> LLC 方式（図 5.39）と非対称ハーフブリッジ方式（図 5.38）は，回路構成は類似しているが動作は大きく異なる。両者の相違点を説明せよ。

<問題 5.5> DAB 方式（図 5.52）と電圧型・電流型フルブリッジ方式双方向 DC/DC コンバータ（図 4.55(c)）は，回路構成は類似しているが動作は大きく異なる。その原因を説明せよ。

6章 高力率コンバータへの応用

　平滑回路付き全波整流回路など通常の整流回路の入力電流は正弦波から大きく歪んでおり，大きな高調波電流を含んでいる．高調波電流は高調波障害の発生や力率の低下をもたらすので，入力電流の高調波成分が抑制された整流回路が必要である．このような整流回路が高力率コンバータであり，高調波規格の制定とともに1990年代から広く普及するようになった．

　高力率コンバータはさまざまな電気機器に広く用いられるので，用途に応じて多くの種類の回路方式が開発されている．本章では高力率コンバータのさまざまな回路方式を体系的に整理し，その動作原理を詳しく説明する．高力率コンバータはリアクトル電流を適切に制御することにより入力電流の高調波を抑制している．リアクトル電流の制御には DC/DC コンバータの技術がそのまま用いられており，高力率コンバータは DC/DC コンバータの応用製品といえる．なお，高力率コンバータは英語では Power Factor Correction Converter であり，略して PFC コンバータと呼ばれることも多い．

6.1 高力率コンバータの役割と動作原理

6.1.1 整流回路での高調波電流の発生原理

　平滑コンデンサ付き全波整流回路の動作モードとそれぞれの電流径路を図6.1に示す．入力電圧 v_{in} の極性と $|v_{in}|$ の大きさで次の三つの動作モードに分かれる．

①モード1：　v_{in} が正の半サイクルで $|v_{in}| > v_{out}$ のとき
②モード2：　v_{in} が負の半サイクルで $|v_{in}| > v_{out}$ のとき
③モード3：　$|v_{in}| < v_{out}$ のとき

モード1では $|v_{in}| > v_{out}$ なのでダイオード D_1 と D_4 が導通し，平滑コンデンサ C が充電される．モード2も $|v_{in}| > v_{out}$ であるが，負の半サイクルなので

6.1 高力率コンバータの役割と動作原理　197

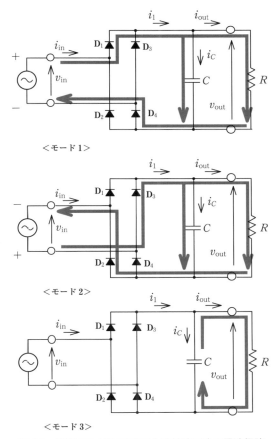

図 6.1　平滑コンデンサ付き全波整流回路の電流径路

D_2 と D_3 が導通し，C が充電される．モード 3 では $|v_{in}| < v_{out}$ なので $D_1 \sim D_4$ は導通できず，電流 i_{in} と i_1 は流れない．

　平滑コンデンサ付き全波整流回路の波形を図 6.2 に示す．モード 1 とモード 2 では D_1 と D_4 または D_2 と D_3 が導通しているので $v_{out} = |v_{in}| - 2V_f$ となる．V_f はダイオードの電圧降下であり，$|v_{in}|$ より十分小さい値である．次式が成立する．

$$v_{out} = |v_{in}| - 2V_f \fallingdotseq |v_{in}| \quad (モード 1 とモード 2) \tag{6.1}$$

$$v_{out} > |v_{in}| \quad (モード 3) \tag{6.2}$$

198 6章 高力率コンバータへの応用

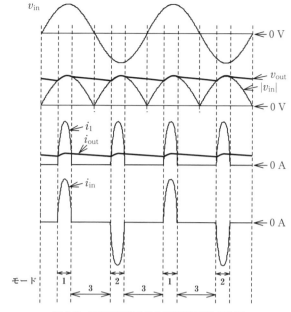

図 6.2 平滑回路付き全波整流回路の波形

$$i_{\text{out}} = v_{\text{out}} \div R \quad (R は負荷抵抗) \tag{6.3}$$

$$i_{\text{in}} = i_1 \quad (モード1) \tag{6.4}$$

$$i_{\text{in}} = -i_1 \quad (モード2) \tag{6.5}$$

$$i_1 の平均値 = i_{\text{out}} の平均値 \tag{6.6}$$

平滑コンデンサ付き全波整流回路では入力電流 i_{in} は $|v_{\text{in}}|$ の大きいときだけに集中して流れるので，図 6.2 のようにピーク値の大きなパルス状の波形となる。このような電流波形には多くの次数の高調波電流が大きな割合で含まれている。平滑コンデンサ付き全波整流回路は多くの電気製品で使用されているので，電力系統には大きな高調波電流が流れている。高調波電流には次のような悪影響があり，**高調波障害**として社会問題となっている。

＜高調波電流による悪影響＞
・力率の悪化（送電損失の増加）
・発電機の加熱

- 進相コンデンサの加熱（火災の発生例もある）
- 通信障害
- 制御機器の誤動作

6.1.2 高力率コンバータの役割と種類

高力率コンバータは入力電流の高調波を抑制できる整流回路であり，高調波障害抑制の重要な手段となっている。日本では JIS 規格，国際的には IEC 規格で高調波電流の限度値が定められ，商用電源を入力とする多くの電気製品では高力率コンバータの使用が不可欠となっている。

高力率コンバータにはさまざまな回路方式があるが，大きく分けて，昇圧型，昇降圧型，降圧型，の3種類に分類される。3種類の回路方式の代表的な回路例を図 6.3 に示す。これらの回路はすべて「全波整流回路 ＋ チョッパ回路」の構成となっており，高力率コンバータはチョッパ回路の応用回路といえる。なお，

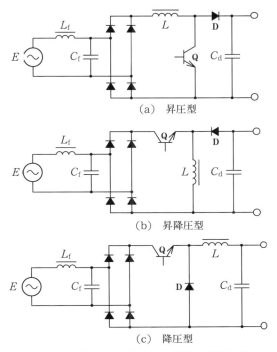

図 6.3　高力率コンバータの 3 種類の回路方式

L_f と C_f は高周波のリプル成分の流出を防ぐために設けられる小型のローパスフィルタである。

　高力率コンバータはリアクトル電流を適切に制御することにより入力電流の高調波成分を抑制している。図 **6.4** に示すようにリアクトル電流の制御方法には 3 種類の方式がある。図 (a) の**連続モード制御**では，リアクトル電流を正弦波に追従した振幅の小さな三角波となるように制御している。図 (b) の**不連続モード制御**では，リアクトル電流を振幅の大きな三角波となるように制御する。リアクトル電流は 1 サイクルごとに 0 A まで減少する不連続波形となる。逆に，図 (a) では，リアクトル電流は位相が 0 度と 180 度以外では 0 A となることはないので，連続モード制御と呼ばれている。図 (c) の**境界モード制御**では，連続モードと不連続モードの「境界」であり，リアクトル電流は 0A になるとすぐに増加を始めるように制御される。

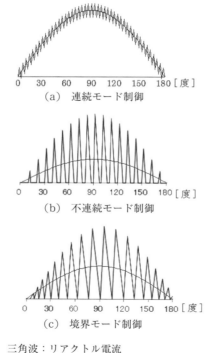

(a) 連続モード制御

(b) 不連続モード制御

(c) 境界モード制御

三角波：リアクトル電流
正弦波：入力電流（半サイクル分を示す）

図 **6.4**　3 種類のリアクトル電流制御方式

以上，3種類の回路方式と3種類の制御方式は**表 6.1** のように互いに組み合わせることができ，それぞれの組み合わせごとに異なる特性を持っている。たとえば，昇圧型の連続モード制御は入力電流を完全な正弦波に制御でき，高調波電流をほぼ完全に抑制できるが，昇圧型なので直流出力電圧を交流入力電圧のピーク値より低くできない。降圧型の境界モード制御では，入力電流を完全な正弦波に制御できないが，高調波規格（たとえば IEC61000-3-2 class D）を満足する程度には制御可能である。また，降圧型では昇圧型とは逆に，高い直流電圧を出力できない。次節以下に各種の高力率コンバータの動作原理と特徴を説明する。

表 6.1 高力率コンバータの回路方式と制御方式の対応

	昇圧型	昇降圧型	降圧型
連続モード制御	◎	×	×
不連続モード制御	○	◎	○
境界モード制御	◎	○	○

◎：入力電流を完全な正弦波に制御可能
○：高調波規格をクリアする程度に制御可能
×：通常は使用しない

6.2 昇　　圧　　型

6.2.1 昇圧型連続モード制御の動作原理

昇圧型連続モード制御は入力電流を完全な正弦波に制御でき，さらに高効率で経済性も高いという特徴があり，最も広く用いられている。その中でも**図 6.5** に示す昇圧チョッパを用いた高力率コンバータは，回路構成が最も簡単であり，高力率コンバータの標準的な回路方式となっている。次の二つの動作モードがある。

＜蓄積モード＞（Q がオン）　　Q がオンのときは，図 6.5 の実線の径路で電流が流れ，リアクトル L には電圧 v_1 が印加される。その結果 i_L は増加し，L にエネルギーが蓄積される。次式が成立する。

$$v_1 = |v_{\mathrm{in}}| \tag{6.7}$$

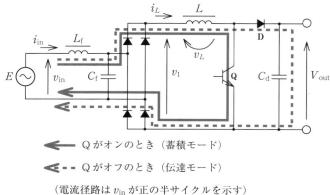

← Qがオンのとき(蓄積モード)
◄--- Qがオフのとき(伝達モード)

(電流径路は v_{in} が正の半サイクルを示す)

図 6.5 昇圧チョッパを用いた高力率コンバータの電流径路

$$v_L = v_1 \tag{6.8}$$

$$\Delta i_L = \frac{1}{L} v_L T_{on} \tag{6.9}$$

なお，Δi_L は蓄積モード期間中の i_L の変化量，T_{on} は Q のオン時間である。

＜伝達モード＞（Q がオフ） Q がオフのときは，点線の径路で電流が流れ，リアクトル L には負の電圧 $(v_1 - V_{out})$ が印加される。その結果，i_L は減少し，L のエネルギーが出力側に伝達される。次式が成立する。

$$v_1 = |v_{in}| \tag{6.10}$$

$$v_L = v_1 - V_{out} \tag{6.11}$$

$$\Delta i_L = \frac{1}{L}(v_1 - V_{out})T_{off} \tag{6.12}$$

なお，Δi_L は伝達モード期間中の i_L の変化量，T_{off} は Q のオフ時間である。この回路方式では出力電圧 V_{out} は入力電圧 v_{in} のピーク値より大であり，$(v_1 - V_{out})$ は常に負である。

 i_L は蓄積モードで増加し，伝達モードで減少するので，i_L 波形は図 **6.6** に示すように増減を繰り返しながら変化する三角波となる。したがって，T_{on} と T_{off} を制御することにより，i_L を自由に増加または減少できる。T_{on} と T_{off} を適切に制御すれば，図 **6.7** に示すように i_L を整流電圧 v_1 と同相の正弦波に追従して変化できる。i_L の高周波成分はローパスフィルタ L_f と C_f で除去されて，交流入力電流 i_{in} は完全な正弦波となる。

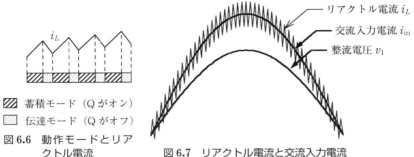

図 6.6 動作モードとリアクトル電流

図 6.7 リアクトル電流と交流入力電流

昇圧チョッパを用いた高力率コンバータの回路各部の波形を図 6.8 に示す。v_1 は v_{in} の全波整流波形である。V_{out} は v_1 のピーク値より大となる。i_L は高周波のリプル成分を含むが，L_f と C_f で除去される。i_{in} は v_{in} と同相の，高調波も高周波も含まない完全な正弦波となる。

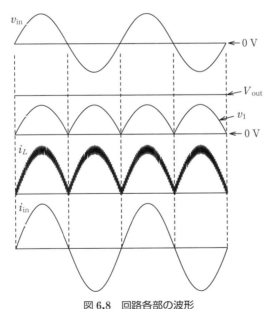

図 6.8 回路各部の波形

6.2.2 昇圧型連続モード制御方式の制御回路

昇圧型連続モード制御方式では，スイッチ素子のオン時間とオフ時間を適切に

制御すれば，入力電流を完全な正弦波に制御できる。そのための制御回路の例を図 6.9 に示す。リアクトル電流 i_L の検出値を目標正弦波 $v_{\sin}$ と比較し，オペアンプで誤差を増幅する。i_L はシャント抵抗やホール素子で検出する。目標正弦波は交流入力電圧と同相の正弦波の全波整流波形であり，たとえば図 6.5 の v_1 を分圧した電圧を用いる。誤差を増幅した電圧 v_{er1} を高周波の三角波 v_T で変調し PWM 波形 v_{PWM} を得て，スイッチ素子 Q を駆動する。このように制御すれば i_L を目標正弦波に一致させることができる。

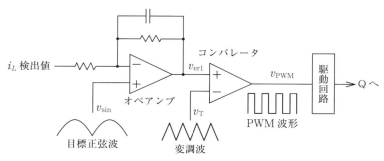

図 6.9 昇圧型連続モード制御のリアクトル電流制御回路

昇圧型連続モード制御方式では，入力電流を正弦波に制御すると同時に，直流出力電圧も制御できる。そのための制御回路の例を図 6.10 に示す。直流出力電圧 V_{out} の検出値を基準電圧 v_{ref} と比較する。その誤差を増幅した電圧 v_{er2} と v_1 の分圧電圧を乗算器でかけ算することにより，目標正弦波 $v_{\sin}$ の振幅を制御できる。その結果，次のようなフィードバック制御が実現され，v_{out} の検出値を v_{ref} と一致させることができる。

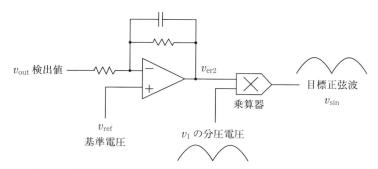

図 6.10 昇圧型連続モード制御高力率コンバータの出力電圧制御回路

v_{out} 検出値 < v_{ref} のとき：v_{er2} 増加 → v_{sin} の振幅増加 → i_L 増加

→ v_{out} 増加

v_{out} 検出値 > v_{ref} のとき：v_{er2} 減少 → v_{sin} の振幅減少 → i_L 減少

→ v_{out} 減少

6.2.3 電流型 DC/DC コンバータを用いた高力率コンバータ

4.4 節で説明したように，電流型 DC/DC コンバータは昇圧チョッパに変圧器を挿入して入出力の絶縁を実現した回路である．昇圧チョッパの代わりに電流型 DC/DC コンバータを用いれば，絶縁機能を有する高力率コンバータが構成できる．図 6.11 にその一例を示す．電流型フルブリッジ方式を用いている．動作原理は昇圧チョッパを用いた回路と同じであり，回路各部の波形も図 6.8 と同じである[16]．

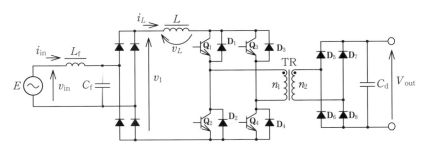

図 6.11 電流型 DC/DC コンバータを用いた高力率コンバータ

6.2.4 昇圧型不連続モード制御

昇圧型不連続モード制御は，連続モードと同じ図 6.5 の回路構成で，リアクトル電流を図 6.4(b) のように 1 サイクルごとに 0 A とする方式である．連続モード制御ではリアクトル電流を正弦波に追従して制御するために図 6.9 のような制御回路が必要となるが，不連続モード制御では通常の昇圧チョッパと同様に，スイッチ素子を一定の周波数で一定の通流率で動作させる．したがって，リアクトル電流を制御するための特別な制御回路は不要である．表 6.1 に示したように，入力電流を完全な正弦波には制御できないが，高調波規格を満足させることはで

きる。

昇圧型不連続モード制御のリアクトル電流 i_L 波形の模式図を図 **6.12** に示す。

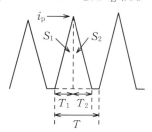

図 6.12 昇圧型不連続モード制御のリアクトル電流 i_L の波形

リアクトル電流のピーク値 i_p は次式で表される。

$$i_P = \frac{1}{L} v_1 T_1 \tag{6.13}$$

T_1 はスイッチ素子のオン時間であり，v_1 は図 6.5 で示したように入力電圧を全波整流した電圧である。i_p は v_1 に比例して正弦波状に変化する。

連続モードと同様に，交流入力電流 i_{in} は，リアクトル電流 i_L からローパスフィルタ L_f と C_f で高周波成分を除去した波形となる。i_{in} の瞬時値は図 6.12 の波形の 1 周期 T における平均値に等しい。図 6.12 に示すように，Q がオンしているときの i_L の面積（電流時間積）を S_1，Q がオフのときの面積を S_2 とすると，i_{in} は次式で表される。

$$i_{in} = \frac{1}{T}(S_1 + S_2) \tag{6.14}$$

S_1 は次のように計算される。

$$S_1 = \frac{1}{2} i_P T_1 \tag{6.15}$$

式 (6.13) を代入し

$$S_1 = \frac{1}{2} \frac{1}{L} v_1 T_1^2 \tag{6.16}$$

S_2 は次のように計算される。

$$S_2 = \frac{1}{2} i_P T_2 \tag{6.17}$$

$$i_\mathrm{P} = \frac{1}{L}(V_\mathrm{out} - v_1)T_2 \quad \text{より} \quad T_2 = i_\mathrm{P} L \frac{1}{V_\mathrm{out} - v_1} \tag{6.18}$$

$$\therefore S_2 = \frac{1}{2} i_\mathrm{P}^2 L \frac{1}{V_\mathrm{out} - v_1} = \frac{1}{2}\left(\frac{1}{L}v_1 T_1\right)^2 L \frac{1}{V_\mathrm{out} - v_1}$$
$$= \frac{1}{2} \frac{1}{L} \frac{v_1^2}{V_\mathrm{out} - v_1} T_1^2 \tag{6.19}$$

$$\therefore i_\mathrm{in} = \frac{1}{T}(S_1 + S_2) = \frac{1}{T}\left(\frac{1}{2}\frac{1}{L}v_1 T_1^2 + \frac{1}{2}\frac{1}{L}\frac{v_1^2}{V_\mathrm{out} - v_1}T_1^2\right)$$
$$= \frac{1}{T}\frac{1}{2}\frac{1}{L}v_1 T_1^2\left(1 + \frac{v_1}{V_\mathrm{out} - v_1}\right) \tag{6.20}$$

式 (6.16) から S_1 は v_1 に比例する.しかし,式 (6.19) のように S_2 は v_1 ではなくおおむね v_1^2 に比例する.入力電流 i_in は $S_1 + S_2$ に比例するので,i_in は v_1 には比例せず,完全な正弦波にはならない.

式 (6.13)～(6.20) を使えば i_L と i_in の波形を正確に計算できる.下記の動作条件で計算した結果を図 **6.13** と図 **6.14** に示す.i_L のピーク値は正弦波で変化しているが,i_in は正弦波から少し歪んでいる.また,入力電流のピーク値は 1.2 A 程度であるのに対し,リアクトル電流のピーク値は 3.5 A と大きく,容量の大きな高力率コンバータには不向きである.なお,高力率コンバータは通常,数 10

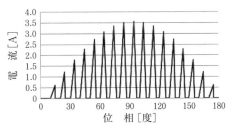

図 **6.13** 昇圧型不連続モードのリアクトル電流 i_L の波形

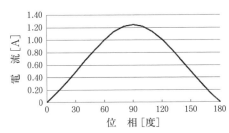

図 **6.14** 昇圧型不連続モードの入力電流 i_in の波形

kHz以上の高周波で動作させるが，図6.13では1サイクルごとのリアクトル電流の変化を確認できるように低い周波数（1.8 kHz）で動作させている。

＜動作条件＞　入力 AC100 V 50 Hz，出力 DC400 V 0.2 A，リアクトル 10 mH，動作周波数 1.8 kHz，通流率 0.45

6.2.5　昇圧型境界モード制御

昇圧型境界モード制御は，連続モードや不連続モードと同じ図6.5の回路構成で，リアクトル電流 i_L を図6.4(c)のように0Aになるとすぐに増加させる方式である。i_L の模式図を**図6.15**に示す。ピーク電流 i_p は不連続モードと同じく式(6.13)で与えられる。入力電流 i_{in} も不連続モードと同じく式(6.14)で与えられる。ただし，不連続モードでは $T_1+T_2<T$ であったが，境界モードでは $T_1+T_2=T$ となる。したがって，i_{in} は次式で与えられる。

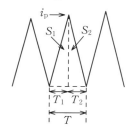

図 6.15　昇圧型境界モード制御のリアクトル電流 i_L の波形

$$\begin{aligned} i_{in} &= \frac{1}{T}(S_1+S_2) = \frac{1}{T}\left(\frac{1}{2}i_p(T_1+T_2)\right) = \frac{1}{2}i_p \\ &= \frac{1}{2}\frac{1}{L}v_1 T_1 \end{aligned} \tag{6.21}$$

i_{in} は v_1 に比例するので完全な正弦波となる。

6.2.6　その他の昇圧型回路方式

昇圧型は図6.5の昇圧チョッパを用いた方式が最も広く使用されているが，他にもさまざまな回路方式がある。**図6.16**はダイオードブリッジ（全波整流回路）のうちローサイドの二つのダイオードをスイッチ素子 Q_1 と Q_2 に置き換えたものである。リアクトル L は交流側に配置する。ダイオードブリッジがないのでブリッジレス方式とも呼ばれる。昇圧チョッパ方式では電流径路に半導体が3個直列につながるのに対し，この方式では2個となるので損失の低減が期待で

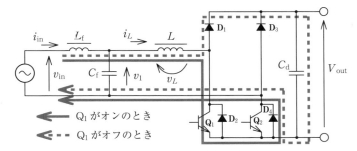

図 6.16　ローサイド 2 石式（ブリッジレス方式）

きる．図 6.16 には正の半サイクルの電流径路を示している．Q_1 が高周波スイッチング動作を行い，Q_2 は常時オフである．負の半サイクルでは Q_1 が常時オフ，Q_2 が高周波スイッチング動作を行う．なお，図 6.5 の昇圧チョッパを用いた方式も，この回路方式のようにリアクトル L を交流側に配置してもよい．

　図 6.17 はスイッチ素子 2 個を直列に配置した回路構成である．図 6.16 と同様の動作を行う．ただし，Q_1 がハイサイド駆動となるのであまり用いられない．

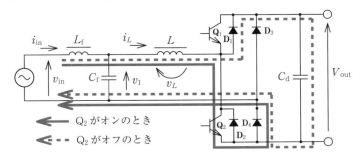

図 6.17　2 石直列式

図 6.18 はスイッチ素子を 4 個使用する方式である．高力率コンバータとして

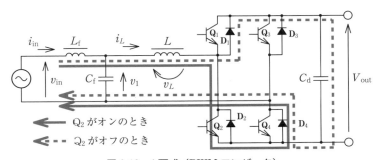

図 6.18　4 石式（PWM コンバータ）

6.3 昇 降 圧 型

昇降圧型で最も広く使われている昇降圧チョッパを用いた高力率コンバータの回路構成と電流径路を図 **6.19** に示す。全波整流回路の後段に昇降圧チョッパを接続した回路構成となっている。電圧 v_1 の波形は電源電圧 v_{in} の全波整流波形となる。スイッチ素子 Q がオンのときにリアクトル L に v_1 が印加され L にエネルギーが蓄積される。Q がオフすると L のエネルギーが出力側に伝達される。次式が成立する。

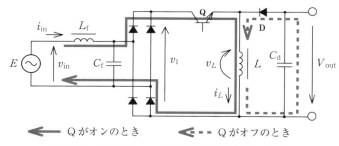

図 **6.19** 昇降圧チョッパを用いた高力率コンバータ

＜蓄積モード＞（Q がオン）

$$v_1 = |v_{in}| \tag{6.22}$$

$$v_L = v_1 \tag{6.23}$$

$$\Delta i_L = \frac{1}{L} v_L T_{on} \tag{6.24}$$

なお，Δi_L は蓄積モード期間中の i_L の変化量，T_{on} は Q のオン時間である。

＜伝達モード＞（Q がオフ）

$$v_1 = |v_{in}| \tag{6.25}$$

$$v_L = -V_{\text{out}} \tag{6.26}$$

$$\Delta i_L = \frac{1}{L}(-V_{\text{out}})T_{\text{off}} \tag{6.27}$$

なお，Δi_L は伝達モード期間中の i_L の変化量，T_{off} は Q のオフ時間である。

昇圧チョッパを用いた高力率コンバータでは，図 6.5 に示したようにリアクトル電流 i_L は，スイッチ素子がオンのときもオフのときも常に交流電源から供給される。したがって，i_L を正弦波に追従させれば交流入力電流 i_{in} を完全な正弦波に制御できた。しかし，昇降圧チョッパを用いた高力率コンバータでは，Q がオンのときは i_L は交流電源から供給されるが，Q がオフのときは i_L は出力側だけに流れる。このため，i_L を正弦波に追従させても i_{in} は正弦波にはならない。昇降圧型では表 6.1 に示したように連続モード制御は使われず，不連続モード制御，または境界モード制御が使用される。

不連続モード制御時のリアクトル電流 i_L の波形は，昇圧型不連続モード制御と同じく図 6.12 となる。リアクトル電流のピーク値 i_{p} も昇圧型と同じく式 (6.13) で表される。昇圧型では入力電流 i_{in} の瞬時値は式 (6.14) で与えられた。昇降圧型では S_1 は交流電源から供給されるが，S_2 は出力側にのみ流れる。入力電流 i_{in} の瞬時値は次式で与えられる。

$$i_{\text{in}} = \frac{1}{T}S_1 \tag{6.28}$$

式 (6.13) と式 (6.28) を用いて i_{in} は次のように求められる。

$$S_1 = \frac{1}{2}i_{\text{p}}T_1 \tag{6.29}$$

$$i_{\text{in}} = \frac{1}{T}\frac{1}{2}i_{\text{p}}T_1 = \frac{1}{2L}\frac{T_1^2}{T}v_1 \tag{6.30}$$

スイッチ素子のオン時間 T_1 を一定値に保てば，i_{in} は v_1 に比例するので入力電流は完全な正弦波となる。

式 (6.13) と式 (6.27) および式 (6.30) を使えば i_L と i_{in} の波形を正確に計算できる。下記の動作条件で計算した結果を図 **6.20** と図 **6.21** に示す。i_{in} は歪みのない正弦波になっている。入力電流のピーク値は 1.16 A であるのに対し，リアクトル電流のピーク値は 4.27 A と大きい。なお，この動作条件は通流率以外

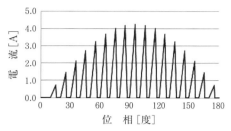

図 6.20 昇降圧型不連続モードのリアクトル電流 i_L 波形

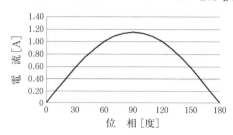

図 6.21 昇降圧型不連続モードの入力電流 i_{in} 波形

は図 6.13 と図 6.14 の昇圧型不連続モードと同じである。

＜動作条件＞　入力 AC100 V 50 Hz，出力 DC400 V 0.2 A，リアクトル 10 mH，動作周波数 1.8 kHz，通流率 0.54

不連続モード制御の高力率コンバータは，連続モード制御と比較してリアクトル電流のピーク値が大きい。昇降圧型は上記計算例からもわかるように，昇圧型よりさらに大きくなる。昇降圧型のリアクトル電流ピーク値 i_p と入力電流 i_{in} の比率は，式 (6.13) と式 (6.30) から次のように求められる。

$$\frac{i_p}{i_{in}} = \frac{\frac{1}{L}v_1 T_1}{\frac{1}{2L}\frac{T_1^2}{T}v_1} = \frac{2T}{T_1} = \frac{2}{\alpha} \quad (6.31)$$

α はスイッチ素子の通流率である。$\alpha = 0.5$ ならリアクトル電流のピーク値は入力電流のピーク値の 4 倍となる。

昇降圧型は，不連続モード制御では入力電流を歪みのない正弦波に制御できるので広く使用されているが，ピーク電流が大きいので大容量の高力率コンバータには適さない。一方，境界モード制御は入力電流を完全な正弦波には制御できないが，不連続モード制御よりリアクトル電流のピーク値を抑制できるので広く使用されている。なお，境界モード制御でも表 6.1 に示したように，高調波規格を

満足する程度には高調波電流を抑制できる。

2.2 節で説明したように，昇降圧チョッパに変圧器を挿入すれば，絶縁型のDC/DC コンバータを構成できる。同様にして，昇降圧チョッパを用いた高力率コンバータのリアクトルを変圧器の励磁インダクタンスに置き換えて，絶縁型の高力率コンバータを構成できる。回路構成と電流径路を図 6.22 に示す。

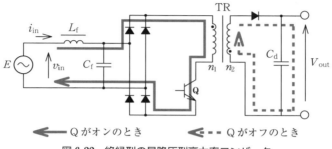

図 6.22　絶縁型の昇降圧型高力率コンバータ

6.4　降　圧　型

降圧型で最も広く使われている降圧チョッパを用いた高力率コンバータの回路構成と電流径路を図 6.23 に示す。全波整流回路の後段に降圧チョッパを接続した回路構成となっている。スイッチ素子 Q がオンのときにリアクトル L の電圧 v_L は正となり，L にエネルギーが蓄積される。Q がオフすると，L のエネルギーが出力側に伝達され L の電流は減少する。ただし，このように動作するのは降圧チョッパの入力電圧 v_1 が出力電圧 V_{out} より大きいときだけである。

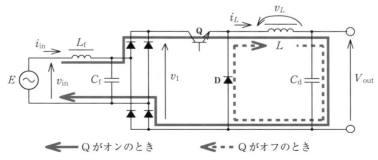

図 6.23　降圧チョッパを用いた高力率コンバータの回路構成と電流径路

$v_1 < V_{\text{out}}$ のときは Q がオンしても i_L は流れない.

降圧型高力率コンバータの主要波形を図 6.24 に示す. v_1 は交流入力電圧 v_{in} の全波整流波形となる. $v_1 > V_{\text{out}}$ のときは i_L が流れるが, $v_1 < V_{\text{uot}}$ のときは i_L は流れない. i_L の高周波成分は C_{f} と L_{f} で除去され, 入力電流 i_{in} は図のように位相が 0 度と 180 度付近で休止する歪んだ波形となる. したがって, 入力電流を完全な正弦波に制御できないが, 適切に設計すれば高調波規格を満足する程度には高調波を抑制できる. 高調波の大小に最も影響するのは V_{out} の値である. V_{out} が小さいほど入力電流の休止期間が短くなり i_{in} は正弦波に近づく.

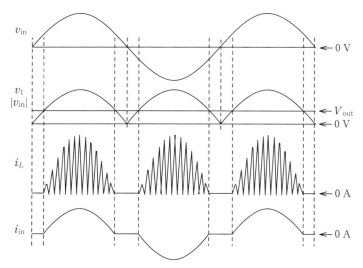

図 6.24 降圧型高力率コンバータの主要波形

図 6.25 にスイッチ素子 Q のオン・オフに伴うリアクトル電流 i_L とスイッチ素子の電流 i_Q の波形を示す. 図 (a) は境界モード, 図 (b) は不連続モードである.

リアクトル電流 i_L のピーク値を i_p とすると $|v_{\text{in}}| > V_{\text{out}}$ のときは

$$i_\text{p} = \frac{1}{L} v_L T_{\text{on}} = \frac{1}{L} \left(|v_{\text{in}}| - V_{\text{out}} \right) T_{\text{on}} \tag{6.32}$$

なお, $|v_{\text{in}}| < V_{\text{out}}$ のときは $i_\text{p} = 0$ である.

不連続モードのとき, スイッチ素子 Q のオン時間を T_{on}, 動作周期を T とすると

6.4 降圧型　215

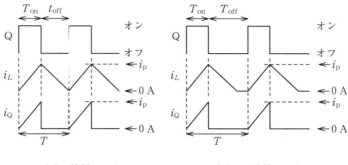

(a) 境界モード　　　　(b) 不連続モード

図 6.25　リアクトルとスイッチ素子の電流波形

$$i_{\mathrm{in}} = \frac{1}{2} i_{\mathrm{p}} \frac{T_{\mathrm{on}}}{T} \tag{6.33}$$

境界モードのとき，スイッチ素子 Q のオフ時間を t_{off} とすると

$$i_{\mathrm{in}} = \frac{1}{2} i_{\mathrm{p}} \frac{T_{\mathrm{on}}}{T_{\mathrm{on}} + t_{\mathrm{off}}} \tag{6.34}$$

$$t_{\mathrm{off}} = \frac{i_{\mathrm{p}}}{V_{\mathrm{out}}} L = \left(\frac{|v_{\mathrm{in}}|}{V_{\mathrm{out}}} - 1 \right) T_{\mathrm{on}} \tag{6.35}$$

これらの式から入力電流 i_{in} とリアクトル電流 i_L を計算できる。

不連続モード時の i_L と i_{in} の波形を図 6.26 と図 6.27 にそれぞれ示す。

境界モード時の波形を図 6.28 と図 6.29 に示す。

なお，計算の条件は次のとおりである。

＜計算の条件＞　不連続モード：入力 AC100 V 60 Hz，出力 DC60 V 2 A，リアクトル 1.7 mH，動作周波数 2.16 kHz，通流率 0.41

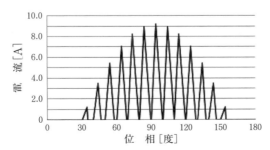

図 6.26　降圧型不連続モードのリアクトル電流 i_L 波形

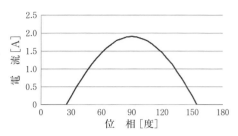

図 6.27　降圧型不連続モードの入力電流 i_{in} 波形

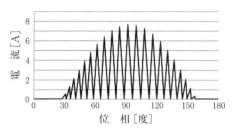

図 6.28　降圧型境界モードのリアクトル電流 i_L 波形

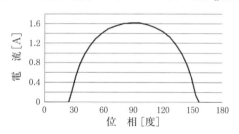

図 6.29　降圧型境界モードの入力電流 i_{in} 波形

境界モード：入力 AC100 V60 Hz，出力 DC60 V2 A，リアクトル 1.7 mH，動作周波数 可変，通流率 可変（Q のオン時間は 160 μs）

ホットエンドとコールドエンド

DC/DC コンバータの回路には電位が安定している部分と高周波で振動している部分がある。安定している部分は**コールドエンド**，高周波で振動している部分は**ホットエンド**と呼ばれる。ホットエンドは高周波ノイズの発生源となるのでノイズが流出しないように注意して設計する必要がある。

コラム図 6.1 の降圧チョッパでは，①は電源のマイナス，②は電源のプラスと同電位なのでコールドエンドである。通常，電源の電位は安定しており，電源自身がホットエンドになることはない。④の電位は①の電位 $+ V_{\text{out}}$ なので安定しておりコールドエンドである。一方，③の電位は Q がオンすれば②と同電位，オフすれば①と同電位であり，高周波で振動するのでホットエンドである。

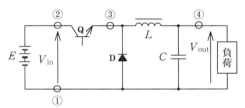

コラム図 6.1

コラム図 6.2 の昇圧チョッパではコールドエンドは①②④，ホットエンドは③である。③はトランジスタのコレクタの電位であるが，トランジスタのコレクタや FET のドレインは放熱フィンに絶縁シートを介して固定される場合が多く，放熱フィンとの間に大きな浮遊容量が発生する。放熱フィンは装置のフレームに固定される場合が多く，その結果，図のように③とフレームとの間には大きな浮遊容量 C_{S1} が存在する。電源のマイナスラインは直接，または大きな浮遊容量 C_{S2} を介して装置のフレームとつながっているので図に示すように

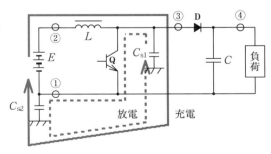

コラム図 6.2

Qのオン・オフに応じてC_{S1}が高周波で充放電される。フレームを流れる高周波の電流はノイズの原因となり，EMIの増加や装置の誤動作を招く。

コラム図6.3のフルブリッジ回路では，③④⑤⑥⑦がホットエンド，①②⑧⑨がコールドエンドである。なお，絶縁型DC/DCコンバータの2次側は負荷の電位を安定電位と考えてホットまたはコールドを判定すればよい。降圧チョッパは**コラム図6.4**のようにプラス側をグランドラインとすることもあるが，その場合はコラム図6.1とは異なり，トランジスタのコレクタがホットエンドとなるので配慮が必要である。

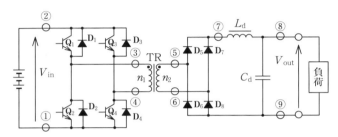

コラム図 6.3

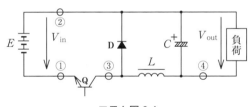

コラム図 6.4

また，**コラム図6.5**のような降圧チョッパも考えられるが，この場合は③④がホットエンドとなり，負荷がホットエンドに接続されることになってしまう。負荷の誤動作などノイズに関する障害の発生する可能性が高い。

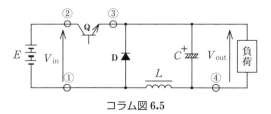

コラム図 6.5

章末問題

<問題 6.1> （昇圧型不連続モード制御）
式 (6.13) を用いて図 6.13 のリアクトル電流ピーク値を計算せよ。
式 (6.20) を用いて図 6.14 の入力電流ピーク値を計算せよ。
なお，図 6.13，図 6.14 の動作条件は 6.2.4 項に記載されている。

<問題 6.2> （昇降圧型不連続モード制御）
式 (6.30) を用いて図 6.21 の入力電流ピーク値を計算せよ。
式 (6.31) を用いて図 6.20 のリアクトル電流ピーク値を計算せよ。
なお，図 6.20，図 6.21 の動作条件は 6.3 節に記載されている。

<問題 6.3> （降圧型不連続モード制御）
式 (6.32) を用いて図 6.26 のリアクトル電流ピーク値を計算せよ。
式 (6.33) を用いて図 6.27 の入力電流ピーク値を計算せよ。
なお，図 6.26，図 6.27 の動作条件は 6.4 節の＜計算の条件＞の不連続モードによる。

7章 モータ制御への応用

　直流モータは入力電圧を変化させて容易に回転速度を制御できる。インバータの進歩により近年は交流モータも精密な速度制御ができるようになったが，以前は精密な速度制御が必要な用途には，ほとんど直流モータが使われていた。現在でもロボットの制御など多くの制御システムで，直流モータの速度制御が使用されている。直流モータの制御には基本的には降圧チョッパが使用されるが，直流モータの駆動に特化して，通常の降圧チョッパとはやや異なる回路構成となる。また，モータの回生動作には双方向チョッパが必要となる。本章では直流モータ駆動用のチョッパ回路を学習する。

7.1 直流モータの等価回路

　直流モータの基本構造を図 7.1 に示す。固定子で磁界を作り，ブラシと整流子

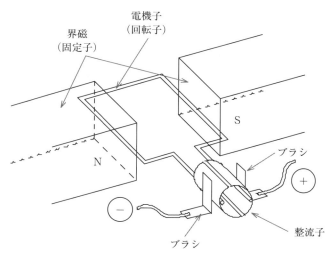

図 7.1　直流モータの基本構造

を介して電機子に電流を流している。磁界の中で電流が流れるので，フレミング左手の法則により電機子巻線に力が働き回転する。整流子はタイミング良く電流の方向を切り替え，電機子巻線に働く力の方向は常に同一回転方向に保たれる。

一方，外部から力を加えて電機子巻線を強制的に回転させると，磁界の中で導体が移動することになるので，フレミング右手の法則により電機子巻線に電圧が発生する。したがって直流モータはモータであると同時に発電機でもある。外部から電流を流してモータとして使用しているときも，磁界の中で電機子巻線が回転しているので，やはりフレミング右手の法則により電機子巻線に電圧が発生する。電機子巻線が発電する電圧は**速度起電力**と呼ばれる。

注) フレミングの法則

　　左手の法則：$f = iBl$ （力 ＝ 電流 × 磁束密度 × 導体長）

　　右手の法則：$e = vBl$ （発生電圧 ＝ 速度 × 磁束密度 × 導体長）

速度起電力の存在を考慮すると，直流モータの等価回路は図 **7.2**(a) のように表される。e が速度起電力，L_a と R_a はそれぞれ電機子巻線のインダクタンス成分と抵抗成分である。v_a は電源電圧，i_a は電機子巻線電流である。図 (b) は直流発電機の等価回路である。電機子巻線で発生した速度起電力 e が R_a と L_a を介して負荷 R_L に供給される。直流モータが**回生動作**を行っているときの等価回路を図 (c) に示す。電機子巻線電流 i_a の方向が図 (a) とは逆となり，モータで発電した電力が電源に回生される。なお，回生動作に対してモータの通常の動作は**力行動作**と呼ばれる。

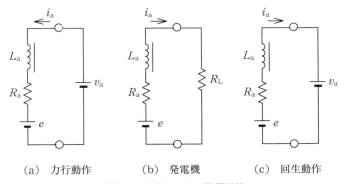

図 7.2　直流モータの等価回路

7.2 等価回路に成立する式

図 7.2(a) では次式が成立する。

$$v_\mathrm{a} = R_\mathrm{a} i_\mathrm{a} + L_\mathrm{a} \frac{di_\mathrm{a}}{dt} + e \tag{7.1}$$

定常状態では i_a は一定なので微分項は 0 であり次式となる。

$$v_\mathrm{a} = R_\mathrm{a} i_\mathrm{a} + e \tag{7.2}$$

速度起電力はフレミングの右手則より導体の移動速度，すなわちモータの回転速度に比例する。回転速度を角速度 $\omega_\mathrm{m}\,[\mathrm{rad/s}]$ で表し，比例係数を K_E とすると速度起電力 e は次式で表される。

$$e = K_\mathrm{E} \omega_\mathrm{m} \tag{7.3}$$

電機子巻線に働く力はフレミングの左手則より電流に比例する。力をトルク τ で表し，比例係数を K_T とするとトルク τ は次式で表される。

$$\tau = K_\mathrm{T} i_\mathrm{a} \tag{7.4}$$

式 (7.1)～(7.4) が直流モータの基本式である。式 (7.2)～(7.4) から e と i_a を消去して整理すると次式が得られる。

$$\omega_\mathrm{m} = \frac{1}{K_\mathrm{E}} v_\mathrm{a} - \frac{R_\mathrm{a}}{K_\mathrm{E} K_\mathrm{T}} \tau \tag{7.5}$$

この式から図 7.3 の直流モータの回転速度特性が得られる。トルクが 0 のときは

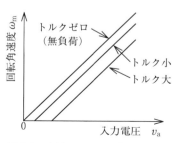

図 7.3　直流モータの回転速度特性

回転速度は入力電圧 v_a に正比例する。トルクが増加すると回転速度はやや低下する。したがって，直流モータは入力電圧を変化させれば，回転速度を制御することができる。

7.3 直流モータの回転速度制御回路

降圧チョッパによる直流モータ制御システムを図 7.4 に示す。降圧チョッパで直流モータへの入力電圧 v_a を変化させて回転速度を制御できる。図 7.2 に示したように，直流モータには電機子巻線のインダクタンス成分 L_a と速度起電力 e が備わっている。L_a と e を利用すれば降圧チョッパの平滑回路を省略できる。図 7.4 から平滑回路を省略した回路を図 7.5 に示す。直流モータは等価回路で表している。電機子巻線のインダクタンス成分 L_a が平滑リアクトル L の役割を，速度起電力 e が平滑コンデンサ C の役割を果たしている。

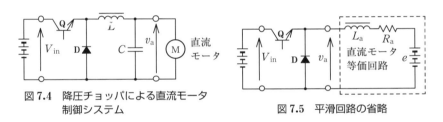

図 7.4 降圧チョッパによる直流モータ制御システム

図 7.5 平滑回路の省略

直流モータに回生動作も行わせる場合は，電力を双方向に制御する必要があるので双方向 DC/DC コンバータを使用する。4.5.2 項で説明した昇圧チョッパ・降圧チョッパ方式双方向 DC/DC コンバータ（図 4.52(c)）が用いられる。ただし，この回路も平滑回路を省略できるので図 7.6 の回路が広く使用されている。

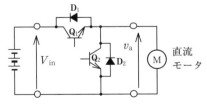

図 7.6 回生も可能な直流モータ制御システム

直流モータに逆転動作も行わせる場合には，入力電圧 v_a を負の値に制御する必要がある。そのための回路を図 7.7 に示す。正転・力行時は図 (a) に示すよう

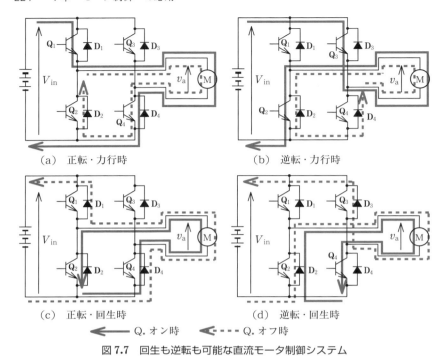

図 7.7　回生も逆転も可能な直流モータ制御システム

に Q_1 をオン・オフ制御し，Q_1 と D_2 で降圧チョッパを構成している．Q_4 は電流径路を確保するために常時オンさせる．逆転・力行時は図 (b) に示すように Q_3 をオン・オフ制御し，Q_3 と D_4 で降圧チョッパを構成する．電流径路を確保

表 7.1　スイッチ素子とダイオードの動作

	(a) 正転・力行	(b) 逆転・力行	(c) 正転・回生	(d) 逆転・回生
Q_1	オン/オフ	常時オフ	常時オフ	常時オフ
Q_2	常時オフ	常時オン	オン/オフ	常時オフ
Q_3	常時オフ	オン/オフ	常時オフ	常時オフ
Q_4	常時オン	常時オフ	常時オフ	オン/オフ
D_1	常時オフ	常時オフ	オン/オフ	常時オフ
D_2	オン/オフ	常時オフ	常時オフ	常時オン
D_3	常時オフ	常時オフ	常時オフ	オン/オフ
D_4	常時オフ	オン/オフ	常時オン	常時オフ

するために Q_2 は常時オンさせる。Q_3 がオンしたときは $v_a = -V_{in}$ となるのでモータは逆転する。この回路は回生も可能であり，正転・回生時は図 (c) のように動作し，Q_2 と D_1 で昇圧チョッパを構成する。逆転・回生時は図 (d) のように動作し，Q_4 と D_3 で昇圧チョッパを構成する。表 7.1 にすべての動作モードに対するすべてのスイッチ素子とダイオードの動作状態を示す。

7.4 速度起電力と電源電圧の大小関係

図 7.5 の回路では降圧チョッパを用いているので，$V_{in} > e$ でなければならない。速度起電力 e は回転速度に比例して変動し，電源電圧 V_{in} も通常は変動範囲を持っている。したがって，電源電圧の変動範囲の最小値が，直流モータの回転速度最大時の速度起電力より大きくなるようにシステムを設計しなければならない。図 7.6 の回路も同様に常に $V_{in} > e$ としなければならない。

このようなシステム設計上の制約に対応できない場合は，図 7.8 の回路を用いることができる。この回路は 4.1.7 項で説明した ZETA コンバータを構成している。ただし，図 4.11 から LC フィルタは削除している。ZETA コンバータは昇圧も降圧もできるので，V_{in} と e の大小関係を自由に選べる。回生動作も必要な

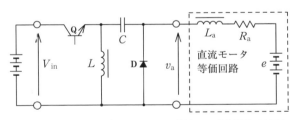

図 7.8 ZETA コンバータを用いた直流モータ制御システム

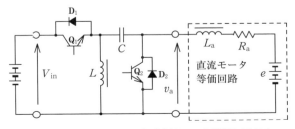

図 7.9 SEPIC・ZETA 方式直流モータ制御システム

場合は，図 7.9 の回路が使用できる。この回路は，4.5.6 項で説明した **SEPIC・ZETA 方式**双方向 DC/DC コンバータを構成している。力行時は ZETA コンバータとして動作し，回生時は SEPIC コンバータとして動作する[10]。この回路も LC フィルタは不要である。

DC/DC コンバータ開発の歴史

DC/DC コンバータ開発の歴史を下記の**コラム表 7.1** に示す。トランジスタやダイオードなど半導体素子の進歩により 1970 年代に DC/DC コンバータの基本技術が確立し，普及した。DC/DC コンバータは電源装置や家電製品に応用され，装置の劇的な小型軽量化と制御性能の向上をもたらした。しかし，動作周波数の向上とともにスイッチング損失や高周波ノイズの増加も顕著となり，1980 年代に入ると，その対策としてソフトスイッチング技術が開発された。当初は電圧共振や電流共振が用いられていたが，この方式では共振のピーク値付近の電圧や電流が大きくなり，かえって損失が増加する場合も多かった。その対策として 1990 年代にスイッチングの瞬間だけ共振させる部分共振が開発された。その後現在まで部分共振がソフトスイッチングの主流となっている。

コラム表 7.1

1970 年代	DC/DC コンバータの基本技術の確立と普及
1980 年代	FET の普及，電圧共振・電流共振の開発
1990 年代	部分共振の開発，PFC コンバータの開発
2000 年代	新たな用途での実用化が増加
2010 年代	応用分野の拡大，新型半導体素子の実用化

2000 年代に入ると，家電分野の非接触充電器やハイブリッド車のパワートレインなど，DC/DC コンバータの新たな用途での実用化が増加した。さらに 2010 年代になると新エネ関係や LED 照明など，さらに新たな応用分野での DC/DC コンバータの開発が進んでいる。また，SiC，GaN など新型半導体素子の DC/DC コンバータ分野での普及を目指した研究・開発が進んでいる。

章末問題

<問題 7.1> 定格入力 24 V 5 A，定格回転速度 1 000 rpm の直流モータがある。回転子をロックして入力電圧 2.5 V を印加すると入力電流は 5 A だった。次の値と求めよ。

(1) 電機子巻線抵抗 R_a，速度起電力定数 K_E，トルク定数 K_T
(2) 定格運転時のトルク τ
(3) 無負荷時の回転速度 N_0

<問題 7.2> 定格入力 24 V 10 A，定格回転速度 800 rpm，定格出力トルク 2.5 Nm の直流モータがある。電機子巻線抵抗 R_a は 0.3 Ω，K_E と K_T はともに 0.25 である。次の条件でこのモータを回転させるための入力電圧を求めよ。

(1) 回転速度 $N = 800$ rpm，トルク $\tau = 2.5$ Nm（定格運転状態）
(2) 回転速度 $N = 400$ rpm，トルク $\tau = 2.5$ Nm
(3) 回転速度 $N = 800$ rpm，トルク $\tau = 1.25$ Nm
(4) 回転速度 $N = 800$ rpm，トルク $\tau = -2.5$ Nm（回生動作）

<問題 7.3> 図 7.6 の回路で問題 7.2 と同じ直流モータを制御している。電源電圧 V_{in} は 48 V である。次の条件でこのモータを回転させるための Q_1 と Q_2 の制御方法を示せ。

(1) 回転速度 $N = 800$ rpm，トルク $\tau = 2.5$ Nm（定格運転状態）
(2) 回転速度 $N = 400$ rpm，トルク $\tau = 2.5$ Nm
(3) 回転速度 $N = 800$ rpm，トルク $\tau = 1.25$ Nm
(4) 回転速度 $N = 800$ rpm，トルク $\tau = -2.5$ Nm（回生動作）

引用・参考文献

(1) 平地克也，人見剛士：「フォワード型 DC/DC コンバータの励磁電流の径路について」，電子情報通信学会技術研究報告，EE2006-30，(2006)

(2) 平地克也：「変圧器の励磁電流は負荷に供給されることも多い」，パワーエレクトロニクス学会誌，Vol.39, JIPE-39-19, pp.149-156, (2014)

(3) William E. Newell : "Power Electronics-Emerging from Limbo", Power Electronics Specialists Conference, October 25, 1973, Keynote Talk

(4) 平地克也：「パワーエレクトロニクスの最も有名な論文の紹介」，平地研究室技術メモ No.20080818,
http://hirachi.cocolog-nifty.com/kh/ (2017 年 11 月 1 日現在)

(5) 高見親法，平地克也，三島智和：「降圧チョッパ/昇圧チョッパ縦続接続方式の全動作モードの検討」，パワーエレクトロニクス学会誌，Vol.37, pp.89-96, (2012)

(6) 平地克也：「フォワード型 DC/DC コンバータの励磁電流について」，パワーエレクトロニクス研究会講演論文集，Vol.28, pp.59-66, (2002)

(7) 吉富大祐，伊東淳一，平地克也：「絶縁型 DC-DC コンバータにおける漏れインダクタンスとサージ電圧の関係について」，パワーエレクトロニクス学会誌，Vol.37, pp.68-80, (2012)

(8) 吉富大祐，平地克也：「電流型のフォワード型 DC/DC コンバータの提案」，電気学会半導体電力変換研究会資料，SPC10-003, pp.17-22, (2010)

(9) 平地克也：「昇降圧チョッパ方式双方向 DC/DC コンバータ」，平地研究室技術メモ No.20140428,
http://hirachi.cocolog-nifty.com/kh/ (2017 年 11 月 1 日現在)

(10) 平地克也：「SEPIC + ZETA 方式双方向 DC/DC コンバータ」，平地研究室技術メモ No.20140630,
http://hirachi.cocolog-nifty.com/kh/ (2017 年 11 月 1 日現在)

(11) 「電気学会電気専門用語集 No.9 パワーエレクトロニクス」，コロナ社

(12) 榊原一彦，室山誠一：「電圧クランプダイオードを備えた直列共振コンバータの静特性解析」，電子情報通信学会論文誌 B，Vol.J70-B, No.11, pp.1282-1289, (1987)

(13) 田中孝明，平地克也：「アクティブクランプ方式 DC/DC コンバータのソフトス

イッチング成立条件の検討」,電気学会半導体電力変換研究会資料,SPC09-6, pp.31-36, (2009)
(14) 浦山大,平地克也:「LLC コンバータのソフトスイッチング成立条件について」, パワーエレクトロニクス学会誌,Vol.41, JIPE-41-03, pp.25-33, (2016)
(15) M.H.Kheraluwala, R.W.Gascoigne, D.M.Divan, and E.D.Baumann: "Performance Characterization of a High-Power Dual Active Bridge dc-to-dc Converter", IEEE Tran. on Industry Applications, Vol.28, No.6, pp.1294-1301, (1992)
(16) K.Hirachi and M.Nakaoka: "Feasible Single-Phase UPS Incorporating Switched-mode PFC Rectifier with High-Frequency Transformer Link", International Journal of Electronics, Vol.86, No.3, pp.351-362, (1999)

章末問題の解答

2章

<問題 2.1>
- 電流径路
  - SW オン時：$E_1 \to \mathrm{SW} \to L \to E_2 \to E_1$
  - SW オフ時：$L \to E_2 \to \mathrm{D} \to L$
- リアクトル印加電圧 v_L
  - SW オン時：$v_L = 80\,\mathrm{V} - 30\,\mathrm{V} = 50\,\mathrm{V}$
  - SW オフ時：$v_L = -30\,\mathrm{V}$
- リアクトル電流の変化 Δi
  - SW オン時：$\Delta i = 50\,\mathrm{V} \times 1\,\mathrm{s} \div 1\,\mathrm{H} = 50\,\mathrm{A}$
  - SW オフ時：$\Delta i = -30\,\mathrm{V} \times 1\,\mathrm{s} \div 1\,\mathrm{H} = -30\,\mathrm{A}$
- リアクトル電圧 v_L とリアクトル電流 i の時間変化：図 2.22 と同じ。

<問題 2.2>
- 電流径路
  - SW オン時：$E_1 \to \mathrm{SW} \to L \to E_1$
  - SW オフ時：$L \to E_2 \to \mathrm{D} \to L$
- リアクトル印加電圧 v_L
  - SW オン時：$v_L = 50\,\mathrm{V}$
  - SW オフ時：$v_L = -30\,\mathrm{V}$
- リアクトル電流の変化 Δi
  - SW オン時：$\Delta i = 50\,\mathrm{V} \times 1\,\mathrm{s} \div 1\,\mathrm{H} = 50\,\mathrm{A}$
  - SW オフ時：$\Delta i = -30\,\mathrm{V} \times 1\,\mathrm{s} \div 1\,\mathrm{H} = -30\,\mathrm{A}$
- リアクトル電圧 v_L とリアクトル電流 i の時間変化：図 2.22 と同じ。

<問題 2.3>
- 電流径路
  - Q オン時：$E_1 \to \mathrm{Q} \to L \to E_2 \to E_1$
  - Q オフ時：$L \to E_2 \to \mathrm{D} \to L$
- Q オン時のリアクトル印加電圧 v_L
  - $E_2 = 30\,\mathrm{V}$ のとき：$v_L = 80\,\mathrm{V} - 30\,\mathrm{V} = 50\,\mathrm{V}$
  - $E_2 = 40\,\mathrm{V}$ のとき：$v_L = 80\,\mathrm{V} - 40\,\mathrm{V} = 40\,\mathrm{V}$

$E_2 = 50\,\text{V}$ のとき:$v_L = 80\,\text{V} - 50\,\text{V} = 30\,\text{V}$

・Q オフ時のリアクトル印加電圧 v_L

$E_2 = 30\,\text{V}$ のとき:$v_L = -30\,\text{V}$

$E_2 = 40\,\text{V}$ のとき:$v_L = -40\,\text{V}$

$E_2 = 50\,\text{V}$ のとき:$v_L = -50\,\text{V}$

・Q オン時のリアクトル電流の変化 Δi_L

$E_2 = 30\,\text{V}$ のとき:$\Delta i_L = 50\,\text{V} \times 10\,\mu\text{s} \div 10\,\mu\text{H} = 50\,\text{A}$

$E_2 = 40\,\text{V}$ のとき:$\Delta i_L = 40\,\text{V} \times 10\,\mu\text{s} \div 10\,\mu\text{H} = 40\,\text{A}$

$E_2 = 50\,\text{V}$ のとき:$\Delta i_L = 30\,\text{V} \times 10\,\mu\text{s} \div 10\,\mu\text{H} = 30\,\text{A}$

・Q オフ時のリアクトル電流の変化 Δi_L

$E_2 = 30\,\text{V}$ のとき:$\Delta i_L = -30\,\text{V} \times 10\,\mu\text{s} \div 10\,\mu\text{H} = -30\,\text{A}$

$E_2 = 40\,\text{V}$ のとき:$\Delta i_L = -40\,\text{V} \times 10\,\mu\text{s} \div 10\,\mu\text{H} = -40\,\text{A}$

$E_2 = 50\,\text{V}$ のとき:$\Delta i_L = -50\,\text{V} \times 10\,\mu\text{s} \div 10\,\mu\text{H} = -50\,\text{A}$

・リアクトル電流 i_L の時間変化:解図 2.3

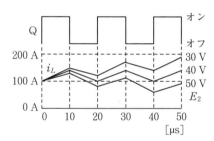

解図 2.3 (問題 2.3 の解答)

<問題 2.4>

・電流径路

Q オン時:$E_1 \to Q \to L \to E_1$

Q オフ時:$L \to E_2 \to D \to L$

・Q オン時のリアクトル印加電圧 v_L

E_2 とは無関係に $v_L = 50\,\text{V}$

・Q オフ時のリアクトル印加電圧 v_L

$E_2 = 30\,\text{V}$ のとき:$v_L = -30\,\text{V}$

$E_2 = 50\,\text{V}$ のとき:$v_L = -50\,\text{V}$

$E_2 = 70\,\text{V}$ のとき:$v_L = -70\,\text{V}$

・Q オン時のリアクトル電流の変化 Δi_L

E_2 とは無関係に $\Delta i_L = 50\,\text{V} \times 10\,\mu\text{s} \div 10\,\mu\text{H} = 50\,\text{A}$

- Q オフ時のリアクトル電流の変化 Δi_L
  $E_2 = 30\,\mathrm{V}$ のとき：$\Delta i_L = -30\,\mathrm{V} \times 10\,\mathrm{\mu s} \div 10\,\mathrm{\mu H} = -30\,\mathrm{A}$
  $E_2 = 50\,\mathrm{V}$ のとき：$\Delta i_L = -50\,\mathrm{V} \times 10\,\mathrm{\mu s} \div 10\,\mathrm{\mu H} = -50\,\mathrm{A}$
  $E_2 = 70\,\mathrm{V}$ のとき：$\Delta i_L = -70\,\mathrm{V} \times 10\,\mathrm{\mu s} \div 10\,\mathrm{\mu H} = -70\,\mathrm{A}$
- リアクトル電流 i の時間変化：解図 2.4

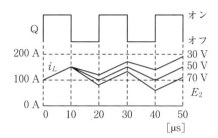

解図 2.4 （問題 2.4 の解答）

<問題 2.5>
Q がオン時のリアクトル電圧 $v_{L\mathrm{on}} = V_{\mathrm{in}} - V_{\mathrm{out}}$
Q がオフ時のリアクトル電圧 $v_{L\mathrm{off}} = -V_{\mathrm{out}}$
Q がオン時のリアクトル電流変化量 $\Delta i_{L\mathrm{on}} = \dfrac{1}{L} v_{L\mathrm{on}} T_{\mathrm{on}} = \dfrac{1}{L}(V_{\mathrm{in}} - V_{\mathrm{out}})T\alpha$
Q がオフ時のリアクトル電流変化量 $\Delta i_{L\mathrm{off}} = \dfrac{1}{L} v_{L\mathrm{off}} T_{\mathrm{off}} = \dfrac{1}{L}(-V_{\mathrm{out}})T(1-\alpha)$

$$\Delta i_{L\mathrm{on}} + \Delta i_{L\mathrm{off}} = 0 \ \text{より}$$
$$\frac{1}{L}(V_{\mathrm{in}} - V_{\mathrm{out}})T\alpha + \frac{1}{L}(-V_{\mathrm{out}})T(1-\alpha) = 0$$

整理して，$V_{\mathrm{out}} = V_{\mathrm{in}}\alpha$

<問題 2.6>
Q がオン時のリアクトル電圧 $v_{L\mathrm{on}} = V_{\mathrm{in}}$
Q がオフ時のリアクトル電圧 $v_{L\mathrm{off}} = -V_{\mathrm{out}}$
Q がオン時のリアクトル電流変化量 $\Delta i_{L\mathrm{on}} = \dfrac{1}{L} v_{L\mathrm{on}} T_{\mathrm{on}} = \dfrac{1}{L} V_{\mathrm{in}} T\alpha$
Q がオフ時のリアクトル電流変化量 $\Delta i_{L\mathrm{off}} = \dfrac{1}{L} v_{L\mathrm{off}} T_{\mathrm{off}} = \dfrac{1}{L}(-V_{\mathrm{out}})T(1-\alpha)$

$$\Delta i_{L\mathrm{on}} + \Delta i_{L\mathrm{off}} = 0 \ \text{より} \ \frac{1}{L}V_{\mathrm{in}}T\alpha + \frac{1}{L}(-V_{\mathrm{out}})T(1-\alpha) = 0$$

整理して，$V_{\mathrm{out}} = V_{\mathrm{in}}\dfrac{\alpha}{1-\alpha}$

<問題 2.7> 方形波なので式（2.26）を使用する．1 次巻線電圧の波形から $f = 100\,\mathrm{kHz}$，$\alpha = 0.3$ なので

$$n > 400 \text{ V} \times 0.3 \div 0.3 \text{ Wb/m}^2 \div 100 \text{ kHz} \div 2 \text{ cm}^2$$
$$= 400 \times 0.3 \div 0.3 \div (100 \times 10^3) \div (2 \times 10^{-4}) = 20$$

したがって，20 ターン以上。2 割の余裕を見ると 24 ターン。

3 章

<問題 3.1>

(1) ギャップの部分の磁気抵抗 R_{mg}　式 (3.7) より

$$R_{\text{mg}} = \frac{l_g}{\mu_0 S} = \frac{2 \times 10^{-3}}{4\pi \times 10^{-7} \times 4 \times 10^{-4}} = 4.0 \times 10^6$$

(2) 鉄の部分の磁気抵抗 R_{mi}　式 (3.7) より

$$R_{\text{mi}} = \frac{l}{\mu_i S} = \frac{40 \times 10^{-2}}{4\pi \times 10^{-7} \times 4\,000 \times 4 \times 10^{-4}} = 2.0 \times 10^5$$

(3) インダクタンス L　式 (3.5) より

$$L = \frac{n^2}{R_{\text{mg}}} = (40)^2 \div (4.0 \times 10^6) = 400 \times 10^{-6} = 400 \text{ μH}$$

<問題 3.2>　式 (3.25) より

$$L_l = L_{l1} + L_{l2}{}' = L_{l1} + L_{l2}\left(\frac{n_1}{n_2}\right)^2 = 1\,\text{μH} + 0.1\,\text{μH} \times 3^2 = 1.9\,\text{μH}$$

<問題 3.3>　図 3.2 の巻線の方向は**解図 3.3**(a) と同じであり，さらに図 (b) と同じである。したがって，v_1 と v_2 は同極性であり図 3.13(b) となる。

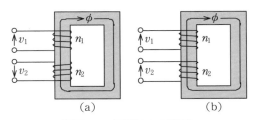

解図 3.3　（問題 3.3 の解答）

4 章

<問題 4.1>　昇降圧チョッパに成立する式を**解表 4.1** に示す。昇降圧チョッパの回路各部の波形を**解図 4.1** に示す。電圧・電流の記号は図 4.5 による。

解表 4.1 昇降圧チョッパの電圧電流

	Qがオンのとき	Qがオフのとき
v_Q	0	$V_{in} + V_{out}$
v_D	$V_{in} + V_{out}$	0
v_L	V_{in}	$-V_{out}$
Δi_L	$\frac{1}{L}(V_{in})T\alpha$	$\frac{1}{L}(-V_{out})T(1-\alpha)$
i_L の平均値	$\frac{I_{in}}{\alpha} = \frac{I_{out}}{1-\alpha}$	$\frac{I_{in}}{\alpha} = \frac{I_{out}}{1-\alpha}$
i_Q	i_L	0
i_D	0	i_L
i_C	$-I_{out}$	$i_D - I_{out}$
V_{out}	$V_{in}\frac{\alpha}{1-\alpha}$	$V_{in}\frac{\alpha}{1-\alpha}$
I_{out}	V_{out}/R_L	V_{out}/R_L

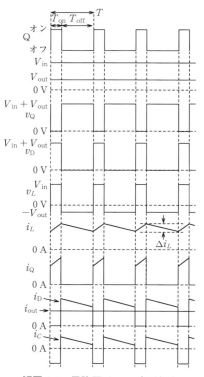

解図 4.1 昇降圧チョッパの波形

<問題 4.2>

(1) ZETA コンバータの回路構成と各部の記号を**解図 4.2**(a) に示す。図 4.11 の電流径路から明かなように**解表 4.2**(a) の式が成立する。この式から**解表 4.2**(b) の式が導出される。

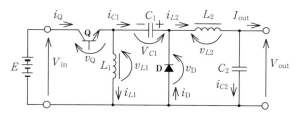

解図 4.2(a)　ZETA コンバータの回路構成と各部の記号

(2) 解表 4.2(a), (b) から**解図 4.2**(b) の理論波形を導出できる。

解表 4.2(a)　Q がオン時とオフ時の各部品の電圧と電流
（ZETA コンバータ）

Q がオンのとき	Q がオフのとき
$v_{L1} = V_{in}$	$v_{L1} = -V_{C1}$
$v_{L2} = V_{in} - V_{out} + V_{C1}$	$V_{L2} = -V_{out}$
$i_{C1} = i_{L2}$	$i_{C1} = -i_{L1}$
$\Delta i_{L1} = \dfrac{1}{L_1} V_{in} T\alpha$	$\Delta i_{L1} = \dfrac{1}{L_1}(-V_{C1})(1-\alpha)T$
$\Delta i_{L2} = \dfrac{1}{L_2}(V_{in} - V_{out} + V_{C1})T\alpha$	$\Delta i_{L2} = \dfrac{1}{L_2}(-V_{out})(1-\alpha)T$
$\Delta V_{C1} = -\dfrac{1}{C_1} i_{L2} T\alpha$	$\Delta V_{C1} = \dfrac{1}{C_1} i_{L1}(1-\alpha)T$

T はスイッチ素子 Q の動作周期，α は Q の通流率である。

解表 4.2(b)　ZETA コンバータに成立する重要な式

出力電圧を与える式	$V_{out} = V_{in} \dfrac{\alpha}{1-\alpha}$
C_1 の電圧を与える式	$V_{C1} = V_{out}$
L_1 電圧 v_{L1} と L_2 電圧 v_{L2} の関係	$v_{L1} = v_{L2}$
L_1 電流 i_{L1} の平均値 I_{L1ave} を与える式	$I_{L1ave} = I_{out} \dfrac{\alpha}{1-\alpha}$

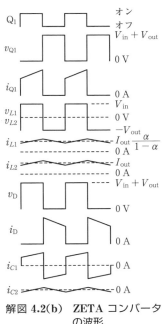

解図 4.2(b)　ZETA コンバータの波形

<問題 4.3>

(1) Cuk コンバータの回路構成と電圧・電流記号を**解図 4.3**(a) に示す。図 4.12 の電流径路から明かなように**解表 4.3**(a) の式が成立する。この式から**解表 4.3**(b) の式が導出される。

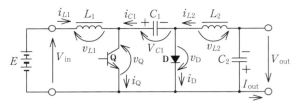

解図 4.3(a) Cuk コンバータの回路構成と電圧・電流記号

解表 4.3(a) Q がオン時とオフ時の各部品の電圧と電流（Cuk コンバータ）

Q がオンのとき	Q がオフのとき
$v_{L1} = V_{\text{in}}$	$v_{L1} = V_{\text{in}} - V_{C1}$
$v_{L2} = V_{C1} - V_{\text{out}}$	$V_{L2} = -V_{\text{out}}$
$i_{C1} = i_{L2}$	$i_{C1} = -i_{L1}$
$\Delta i_{L1} = \dfrac{1}{L_1} V_{\text{in}} T \alpha$	$\Delta i_{L1} = \dfrac{1}{L_1} (V_{\text{in}} - V_{C1})(1-\alpha)T$
$\Delta i_{L2} = \dfrac{1}{L_2} (V_{C1} - V_{\text{out}}) T \alpha$	$\Delta i_{L2} = \dfrac{1}{L_2} (-V_{\text{out}})(1-\alpha)T$
$\Delta V_{C1} = -\dfrac{1}{C_1} i_{L2} T \alpha$	$\Delta V_{C1} = \dfrac{1}{C_1} i_{L1} (1-\alpha)T$

T はスイッチ素子 Q の動作周期，α は Q の通流率である。

解表 4.3(b) Cuk コンバータに成立する重要な式

出力電圧を与える式	$V_{\text{out}} = V_{\text{in}} \dfrac{\alpha}{1-\alpha}$
C_1 の電圧を与える式	$V_{C1} = V_{\text{in}} + V_{\text{out}}$
L_1 電圧 v_{L1} と L_2 電圧 v_{L2} の関係	$v_{L1} = v_{L2}$
L_1 電流 i_{L1} の平均値 I_{L1ave} を与える式	$I_{L1ave} = I_{\text{out}} \dfrac{\alpha}{1-\alpha}$

(2) 解表 4.3(a), (b) から解図 4.3(b) の理論波形を導出できる。

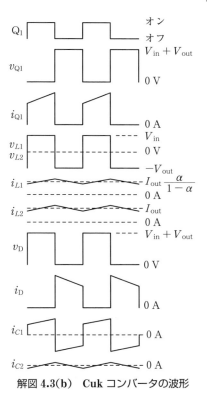

解図 4.3(b)　Cuk コンバータの波形

<問題 4.4>
(1) $Q_1 \sim Q_4$ の通流率 α

式 (4.27) より，$48 = 2 \times \dfrac{1}{5} \times 300 \times \alpha$

$\therefore \alpha = 0.4$

(2) L_d 電流 i_{Ld} の平均値 I_{Ld} とリプル電流 Δi_{Ld}

I_{Ld} は出力電流 I_{out} に等しい。$\therefore I_{Ld} = 20\,\text{A}$

i_{Ld} は Q_1 と Q_4 または Q_2 と Q_3 がオンしているときに増加し，$Q_1 \sim Q_4$ がすべてオフしているときに減少する。増加量と減少量は等しい。ここでは $Q_1 \sim Q_4$ がすべてオフしているときの減少量を求める。

$$\Delta i_{Ld} = \dfrac{1}{L_d} V_{out} T_{off} = \dfrac{1}{100\,\mu\text{H}} \times 48\,\text{V} \times \dfrac{1}{20\,\text{kHz}} \times 0.1 = 2.4\,\text{A}$$

(3) 励磁電流 i_m のピーク値 I_mpeak

$$\Delta i_\mathrm{m} = \frac{1}{L_\mathrm{m}} v_{n1} T_\mathrm{on} = \frac{1}{3\,\mathrm{mH}} \times 300\,\mathrm{V} \times \frac{1}{20\,\mathrm{kHz}} \times 0.4 = 2\,\mathrm{A}$$

$$I_\mathrm{mpeak} = \Delta i_\mathrm{m} \div 2 = 1\,\mathrm{A}$$

(4) D_5, D_6 印加電圧 V_D　　D_5 が導通しているときに D_6 に $v_{n2} + v_{n3}$ が印加される。D_6 が導通しているときは同じ電圧が D_5 に印加される。

$$\therefore V_D = 300 \times \frac{1}{5} \times 2 = 120\,\mathrm{V}$$

(5) n_2 と n_3 巻線電流の実効値 $I_{n2\mathrm{rms}}$　　図 4.17 に示したように,i_{n2} は

Q_1 と Q_4 がオンしているとき $i_{n2} = i_{Ld}$
Q_2 と Q_3 がオンしているとき $i_{n2} = 0\,\mathrm{A}$
$Q_1 \sim Q_4$ すべてオフのとき,励磁電流を無視すれば $i_{n2} = \frac{1}{2} i_{Ld}$
i_{Ld} のリプル成分を無視すれば,$i_{Ld} = I_\mathrm{out} = 20\,\mathrm{A}$
$f = 20\,\mathrm{kHz}$ より 1 周期は $50\,\mathrm{\mu s}$ なので

$$\therefore I_{n2\mathrm{rms}} = \sqrt{\frac{1}{50}(50 \times 0.4 \times 20^2 + 50 \times 0.2 \times 10^2)} = 13.4\,\mathrm{A}$$

(6) n_1 巻線電流の実効値 $I_{n1\mathrm{rms}}$　　i_{Ld} の 1 次側換算値を i_{Ld}' とすると,i_{n1} は励磁電流を無視すると

Q_1 と Q_4 がオンしているとき $i_{n1} = i_{Ld}'$
Q_2 と Q_3 がオンしているとき $i_{n1} = -i_{Ld}'$
$Q_1 \sim Q_4$ すべてオフのとき $i_{n1} = 0$
i_{Ld} のリプル成分を無視すれば,$i_{Ld}' = I_\mathrm{out} \div 5 = 4\,\mathrm{A}$

$$\therefore I_{n1\mathrm{rms}} = \sqrt{\frac{1}{50}(50 \times 0.4 \times 4^2 \times 2)} = 3.58\,\mathrm{A}$$

<問題 4.5>　平滑リアクトル L_d の電流 i_{Ld} はモード 1 と 3 で増加し,モード 2 と 4 で減少する。モード 1 と 3 での i_{Ld} の変化は式 (4.47),モード 2 と 4 での i_{Ld} の変化は式 (4.51) で与えられる。定常状態では両者の和は 0 なので

$$\frac{1}{L_\mathrm{d}}\left(\frac{1}{2} V_\mathrm{in} \frac{n_2}{n_1} - V_\mathrm{out}\right) T\alpha - \frac{1}{L_\mathrm{d}} V_\mathrm{out} T(0.5 - \alpha) = 0$$

$$\therefore V_\mathrm{out} = \frac{n_2}{n_1} V_\mathrm{in} \alpha$$

<問題 4.6>　平滑リアクトル L_d の電流 i_{Ld} はモード 1 と 3 で増加し,モード 2 と 4 で減少する。モード 1 と 3 での i_{Ld} の変化は式 (4.66),モード 2 と 4 での i_{Ld} の変化は式 (4.70) で与えられる。定常状態では両者の和は 0 なので

$$\frac{1}{L_{\mathrm{d}}}\left(V_{\mathrm{in}}\frac{n_4}{n_1} - V_{\mathrm{out}}\right)T\alpha - \frac{1}{L_{\mathrm{d}}}V_{\mathrm{out}}T(0.5-\alpha) = 0$$

$$\therefore V_{\mathrm{out}} = 2\frac{n_3}{n_1}V_{\mathrm{in}}\alpha$$

<**問題 4.7**> 図 4.18 からわかるように，励磁電流を無視すると各動作モードの n_2 巻線電流は次のようになる。

・モード 1 は i_{Ld}, モード 2 と 4 は $i_{Ld}/2$, モード 3 は 0 A

1 周期を T とすると，各動作モードの継続時間は次のようになる。

・モード 1 と 3 は $T\alpha$, モード 2 と 4 は $T(0.5-\alpha)$

i_{Ld} のリプル電流は無視し，$i_{Ld} = I_{\mathrm{out}}$ と考える。したがって，$I_{2\mathrm{rms}}$ は次式で与えられる。

$$I_{2\mathrm{rms}} = \sqrt{\frac{1}{T}\left(I_{\mathrm{out}}^2 T\alpha + 2\left(\frac{I_{\mathrm{out}}}{2}\right)^2 T(0.5-\alpha)\right)} = I_{\mathrm{out}}\frac{\sqrt{1+2\alpha}}{2}$$

<**問題 4.8**> 解図 4.8 にそれぞれの電流径路を示す。出力電流は L_{d1} と L_{d2} に分流する。太実線が L_{d1} の電流径路，太点線が L_{d2} の電流径路である。

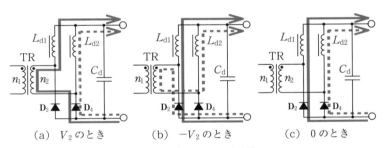

解図 4.8 （問題 4.8 の解答）

<**問題 4.9**>

(1) 蓄積モードの割合 α 　式 (4.104) より

$$340 = 24 \times \frac{1}{1-\alpha} \times 10 \quad \therefore \alpha = 0.294$$

(2) Q_1 と Q_2 の通流率 β 　式 (4.106) より

$$0.294 = 2\beta - 1 \quad \therefore \beta = 0.647$$

(3) L_{d} 電流 i_{Ld} の平均値 I_{Ld} とリプル電流 Δi_{Ld} 　I_{Ld} は入力電流 I_{in} に等しい。

$$\therefore I_{Ld} = I_{\mathrm{in}} = V_{\mathrm{out}} \times I_{\mathrm{out}} \div V_{\mathrm{in}} = 340 \times 10 \div 24 = 142 \text{ A}$$

i_{Ld} は Q_1 と Q_2 が同時にオンしているモード1と3で増加し，Q_1 と Q_2 の片方がオンしているモード2と4で減少する．増加量と減少量は等しい．ここではモード1の増加量を求める．式(4.80)より

$$\Delta i_{Ld} = \frac{1}{L_d} V_{in} T_1 = \frac{1}{20\,\mu H} \times 24\,V \times \frac{1}{20\,kHz} \times \frac{1}{2} \times 0.294$$
$$= 8.8\,A$$

(4) 励磁電流 i_m のピーク値 I_{mpeak}　　式(4.86)より

$$\Delta i_m = \frac{1}{300\,\mu H} \times 340\,V \times \frac{1}{10} \times \frac{1}{20\,kHz} \times \frac{1}{2} \times (1 - 0.294)$$
$$= 2.0\,A$$

$$I_{mpeak} = \Delta i_m \div 2 = 1.0\,A$$

(5) D_3 と D_4 の印加電圧 V_D　　D_3 が導通しているときに D_4 に $v_{n3} + v_{n4}$ が印加される．このとき $v_{n3} = v_{n4} = V_{out}$ である．D_4 が導通しているときは同じ電圧が D_3 に印加される．

$$\therefore V_D = 340 \times 2 = 680\,V$$

なお，図4.40では2次側整流回路は両波整流であるが，全波整流にすればダイオード印加電圧はこの半分に抑制できる．

(6) Q_1 と Q_2 の印加電圧 V_Q　　Q_1 がオンしているときに Q_2 に $v_{n1} + v_{n2}$ が印加される．このとき $v_{n1} = v_{n2} = V_{out} \times \frac{n_1}{n_3}$ である．Q_2 が導通しているときは同じ電圧が Q_1 に印加される．

$$\therefore V_Q = 340\,V \times \frac{1}{10} \times 2 = 68\,V$$

なお，この回路方式では4.4.3項(2)で説明したように，スイッチ素子にサージ電圧が発生しやすい．素子の耐圧を決めるには，上記 V_Q の値にサージ電圧の推定値を加算する必要がある．

(7) n_1 と n_2 巻線電流の実効値 I_{n1rms}　　励磁電流を無視すれば，図4.41の電流径路からわかるように，i_{n1} は

Q_1 のみオンしているとき $i_{n1} = i_{Ld}$

Q_1 と Q_2 がともにオンしているとき $i_{n1} = \frac{1}{2} i_{Ld}$

Q_2 のみオンしているとき $i_{n1} = 0$

i_{Ld} のリプル成分を無視すれば，$i_{Ld} = I_{in} = 142\,A$

Q_1 のみオンしている期間の割合は図4.43より $0.647 - 0.294 = 0.353$

$$\therefore I_{n1\text{rms}} = \sqrt{\frac{1}{50}(50 \times 0.353 \times 142^2 + 50 \times 0.294 \times 71^2)} = 92.7 \text{ A}$$

(8) n_3 と n_4 巻線電流の実効値 $I_{n3\text{rms}}$ i_{Ld} の 2 次側換算値を i_{Ld2} とすると，i_{n3} は，Q_2 だけがオンしているとき $i_{n3} = i_{Ld2}$

その他のとき $i_{n3} = 0$

i_{Ld} のリプル成分を無視すれば，$i_{Ld2} = I_{\text{in}} \times \dfrac{1}{10} = 14.2 \text{ A}$

$$\therefore I_{n1\text{rms}} = \sqrt{\frac{1}{50}(50 \times 0.353 \times 14.2^2)} = 8.44 \text{ A}$$

<問題 4.10> 解図 4.10 に示す

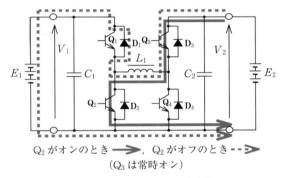

解図 4.10 （問題 4.10 の解答）

5 章

<問題 5.1> 5.6 節で説明している部分共振型 DC/DC コンバータのターンオフ動作では，スイッチ素子 Q がオンのときに流れていた電流がそのまま並列接続されたコンデンサ C を充電する．

$$\therefore T_{\text{off}} = 0.01\,\mu\text{F} \times 200\,\text{V} \div 5\,\text{A} = 0.4\,\mu\text{s}$$

通常，FET の電流立下り時間（図 5.15 の t_f）は 0.4 μs より十分短いので，ZVS が成立している．

<問題 5.2>
◎位相シフトフルブリッジ方式の長所
(1) スイッチ素子のターンオフ時のソフトスイッチングを実現できる．ただし，4.3.1 項 (3) と (4) で説明したように，通常のフルブリッジ方式でも適切に設計すれば，ターンオフ時のスイッチング損失とサージ電圧の発生を抑制できる．
(2) スイッチ素子のターンオン時のソフトスイッチングを実現できる．ただし，5.8.5

項で説明したように，実現のためには漏れインダクタンスと環流電流を大きくする必要があるので，電力損失が増加する場合もある．

◎位相シフトフルブリッジ方式の短所
(3) 通常のフルブリッジ方式では発生しない環流電流による導通損失がある．
(4) 2次側整流ダイオードにサージ電圧が発生する．なお，サージ電圧の発生原理は通常のフルブリッジ方式とほぼ同じであり，双方に共通する短所である．

<問題 5.3> 電流共振形ハーフブリッジ方式（図 5.7）の変圧器は，励磁インダクタンスが十分大きくなるように設計されており，回路の基本動作に励磁電流は影響しない．一方，ハーフブリッジ方式 LLC コンバータ（図 5.41）の変圧器は励磁インダクタンスが小さな値（たとえば，漏れインダクタンスの 5 倍程度）となるように設計されており，回路の動作に励磁電流が大きな影響を与える．たとえば，電流共振形ハーフブリッジ方式では動作周波数が低下すると出力電圧は低下するが，LLC 方式では励磁インダクタンスの影響で動作周波数が低下すると出力電圧は上昇する．また，LLC 方式では 5.10.4 項で説明したように，励磁電流を利用して部分共振動作させることにより ZVS を実現しているが，電流共振形ハーフブリッジ方式では 5.4.2 項で説明したように ZVS ではなく，ZCS を実現している．

<問題 5.4>
① 電流波形：非対称ハーフブリッジ回路（図 5.38）は平滑リアクトル L_d を有しており，スイッチ素子や変圧器の電流は L_d の電流で決定される．一方，LLC 方式（図 5.39）では平滑リアクトルがなく，スイッチ素子や変圧器の電流は C_r と L_r で構成される共振回路の共振電流で決定される．
② 変圧器 1 次巻線と直列のコンデンサ（図 5.38 の C_3，図 5.39 の C_r）の容量：非対称ハーフブリッジでは 1 サイクルでは電圧があまり変動しないように大きな容量を用いる．LLC では小さな容量を用い，L_r との共振により 1 サイクルの間に電圧は大きく変動する．
③ 通流率：非対称ハーフブリッジでは通流率可変，LLC では 0.5 に固定．
④ 変圧器 1 次巻線と直列のコンデンサ（図 5.38 の C_3，図 5.39 の C_r）の電圧：非対称ハーフブリッジでは通流率により変化する．LLC では通流率が 0.5 に固定なのでコンデンサ電圧の直流成分は常に入力電圧 V_{in} の 1/2 である．
⑤ 励磁電流の直流成分：5.9.3 項で説明したように非対称ハーフブリッジでは励磁電流に直流成分が発生するが，LLC では通流率が 0.5 に固定なので直流成分は発生しない．

<問題 5.5> DAB 方式（図 5.52）と電圧型・電流型フルブリッジ方式双方向 DC/DC コンバータ（図 4.55(c)）はともに二つのフルブリッジ回路とリアクトルを有している．しかし，前者ではリアクトルが二つのブリッジ回路の間に位置して交流動作してい

6章

<問題 6.1> 式 (6.13) より，リアクトル電流ピーク値 i_p は

$$i_\mathrm{p} = \frac{1}{10\,\mathrm{mH}} \times 100\,\mathrm{V} \times \sqrt{2} \times \frac{1}{1.8\,\mathrm{kHz}} \times 0.45 = 3.54\,\mathrm{A}$$

式 (6.20) より，入力電流ピーク値 i_inp は

$$i_\mathrm{inp} = 1.8\,\mathrm{kHz} \times \frac{1}{2}\frac{1}{10\,\mathrm{mH}} \times 100\,\mathrm{V} \times \sqrt{2} \times \left(\frac{1}{1.8\,\mathrm{kHz}} \times 0.45\right)^2$$
$$\times \left(1 + \frac{100\,\mathrm{V} \times \sqrt{2}}{400\,\mathrm{V} - 100\,\mathrm{V} \times \sqrt{2}}\right) = 1.23\,\mathrm{A}$$

<問題 6.2> 式 (6.30) より，入力電流ピーク値 i_inp は

$$i_\mathrm{inp} = \frac{1}{2}\frac{1}{10\,\mathrm{mH}} \times 1.8\,\mathrm{kHz} \times \left(\frac{1}{1.8\,\mathrm{kHz}} \times 0.54\right)^2 \times 100\,\mathrm{V} \times \sqrt{2}$$
$$= 1.15\,\mathrm{A}$$

式 (6.31) より，リアクトル電流ピーク値 i_p は

$$i_\mathrm{p} = \frac{2}{0.54} \times 1.15 = 4.26\,\mathrm{A}$$

<問題 6.3> 式 (6.32) より，リアクトル電流ピーク値 i_p は

$$i_\mathrm{p} = \frac{1}{1.7\,\mathrm{mH}}(100\,\mathrm{V} \times \sqrt{2} - 60\,\mathrm{V}) \times \frac{1}{2.16\,\mathrm{kHz}} \times 0.41 = 9.09\,\mathrm{A}$$

式 (6.33) より，入力電流ピーク値 i_inp は

$$i_\mathrm{inp} = \frac{1}{2} \times 9.09\,\mathrm{A} \times 0.41 = 1.86\,\mathrm{A}$$

7章

<問題 7.1>

(1) 電機子巻線抵抗 R_a，速度起電力定数 K_E，トルク定数 K_T　回転子をロックしたときの試験結果から次のように R_a が求まる。

　回転子をロックしているとき，回転角速度 ω_m は 0 である。
　ゆえに，このときは式 (7.3) より $e = 0$
　$v_\mathrm{a} = 2.5\,\mathrm{V}$，$i_\mathrm{a} = 5\,\mathrm{A}$，$e = 0$ を式 (7.2) に代入して $R_\mathrm{a} = 0.5\,\Omega$

定格値から次のように K_E と K_T が求まる。

定格値 $v_a = 24$ V, $i_a = 5$ A, および $R_a = 0.5\,\Omega$ を式 (7.2) に代入して,

$$e = 21.5\,\text{V}$$

定格回転速度は 1 000 rpm なので,このときの回転角速度 ω_m は

$$\omega_m = 1\,000 \div 60 \times 2\pi = 104.7\,\text{rad/s}$$

式 (7.3) に代入して, $K_E = 0.2053$
通常,K_E と K_T は同じ値であり,$K_T = K_E = 0.2053$

(2) 定格運転時のトルク τ　　$K_T = 0.2053$,$i_a = 5$ A を式 (7.4) に代入して

$$\tau = 1.03\,\text{Nm}$$

(3) 無負荷時の回転速度 N_0　　無負荷時はトルクは 0 なので,式 (7.4) より $i_a = 0$
式 (7.2) に代入して,$e = v_a = 24$ V
式 (7.3) より,$\omega_m = 24\,\text{V} \div 0.2053 = 116.9$ rad/s
よって,$N_0 = 116.9 \div 2\pi \times 60 = 1\,116$ rpm

＜問題 7.2＞

(1) 回転速度 $N = 800$ rpm, トルク $\tau = 2.5$ Nm (定格運転状態)
$\tau = 2.5$ Nm, $K_T = 0.25$ を式 (7.4) に代入して,$i_a = 10$ A
$N = 800$ Nm より $\omega_m = 800 \div 60 \times 2\pi = 83.78$ rad/s
式 (7.3) に代入して,$e = 0.25 \times 83.78 = 21$ V
式 (7.2) に代入して,$v_a = 0.3 \times 10 + 21 = 24$ V

(2) と (3) は (1) と同様にして
(2) では $v_a = 13.5$ V,(3) では $v_a = 22.5$ V

(4) 回転速度 $N = 800$ rpm, トルク $\tau = -2.5$ Nm (回生動作)
回生動作であり,モータは外部からトルクを得て発電機として動作しているので,トルクは負である。
$\tau = -2.5$ Nm, $K_T = 0.25$ を式 (7.4) に代入して,$i_a = -10$ A
モータは発電しているので i_a は負である。
式 (7.3) に代入して,$e = 0.25 \times 83.78 = 21$ V
式 (7.2) に代入して,$v_a = -0.3 \times 10 + 21 = 18$ V

＜問題 7.3＞　　与えられた条件 (1)～(4) は問題 7.2 と同じである。したがって,それぞれの条件のために必要とされる直流モータの電機子電圧 v_a は問題 7.2 で求めた値と等しい。条件 (1)～(3) では直流モータは通常の動作 (力行動作) の状態なので図 7.6 の双方向 DC/DC コンバータは降圧チョッパとして動作させる。条件 (4) では直流モー

タは回生動作なので双方向 DC/DC コンバータは昇圧チョッパとして動作させる。次のように計算される。
(1) 回転速度 $N = 800\,\mathrm{rpm}$,トルク $\tau = 2.5\,\mathrm{Nm}$ ($v_\mathrm{a} = 24\,\mathrm{V}$)
降圧チョッパの出力電圧の式 (2.3) を用いて

$$Q_1 \text{の通流率}\ \alpha = 24V \div 48\,\mathrm{V} = 0.5$$

なお,図 7.6 では ι_a は方形波であるが,その平均値が 24 V になる。

したがって,Q_1 を通流率 0.5 で動作させる。なお,Q_2 は常時オフであるが,Q_2 に FET を使う場合は Q_1 がオフのときに Q_2 をオンさせ,Q_2 を同期整流動作させる。

(2) と (3) は (1) と同様にして
(2) 回転速度 $N = 400\,\mathrm{rpm}$,トルク $\tau = 2.5\,\mathrm{Nm}$ ($v_\mathrm{a} = 13.5\,\mathrm{V}$) では $\alpha = 0.28$
(3) 回転速度 $N = 800\,\mathrm{rpm}$,トルク $\tau = 1.25\,\mathrm{Nm}$ ($v_\mathrm{a} = 22.5\,\mathrm{V}$) では $\alpha = 0.47$
(4) 回転速度 $N = 800\,\mathrm{rpm}$,トルク $\tau = -2.5\,\mathrm{Nm}$(回生動作)($v_\mathrm{a} = 18\,\mathrm{V}$)
回生動作なので昇圧チョッパとして動作させるので,昇圧チョッパの出力電圧の式 (2.4) を用いて

$$18\,\mathrm{V} \times \frac{1}{1-\alpha} = 48\,\mathrm{V}$$

よって,$\alpha = 0.625$

したがって,Q_2 を通流率 0.625 で動作させる。なお,Q_1 は常時オフであるが,Q_1 に FET を使う場合は Q_2 がオフのときに Q_1 をオンにさせ,Q_1 を同期整流動作させる。

索　引

◆ 英数字

1石フォワード方式　8, 36, 57
2石フォワード方式　8, 59
BH 曲線　30
Cuk コンバータ　56
DAB 方式　178
FET　7
IGBT　7
LLC コンバータ　166
PFC コンバータ　196
SEPIC・ZETA 方式　115, 226
SEPIC コンバータ　52
ZCS　124
ZETA コンバータ　55, 225
ZVS　124

◆ あ

アクティブクランプ方式　137
位相シフトフルブリッジ方式　145
遅れレグ　154

◆ か

回生動作　221
起磁力　26
逆極性　35
ギャップ　26
境界モード制御　200
降圧チョッパ　5, 44
高調波障害　198
高力率コンバータ　196
コールドエンド　217

◆ さ

磁気抵抗　26
磁束鎖交数　27
昇圧チョッパ　7, 16, 47
昇圧チョッパ・降圧チョッパ方式　110
昇降圧チョッパ　7, 49
磁路長　27
スイッチ素子　7
スイッチング損失　122
スイッチング電源　3
スイッチングレギュレータ　3
進みレグ　154
絶　縁　17
センタタップ整流　62
双方向 DC/DC コンバータ　109
速度起電力　221
ソフトスイッチング　121

◆ た

太陽光発電システム　4
多機能チョッパ　50
通流率　6
電圧型・電流型方式　111
電圧型 DC/DC コンバータ　9
電圧共振　123
電気自動車　4
電流型 DC/DC コンバータ　9, 91
電流共振　124
同極性　35

◆ は

ハードスイッチング　123

索　引　247

ハーフブリッジ方式　8, 77
倍電流整流回路　91
バイポーラトランジスタ　7
ヒステリシス曲線　30
非対称制御ハーフブリッジ方式　156
非対称ハーフブリッジ回路　164
非反転昇降圧チョッパ　50
プッシュプル方式　9, 84
部分共振　124
フライバックトランス　9
フルブリッジ方式　8, 62
フレミングの法則　221
不連続モード制御　200
変圧器の極性　35

変圧器のリセット　58
偏　磁　73
ホットエンド　217

◆　ま

漏れインダクタンス　33
漏れ磁束　32

◆　ら

力行動作　221
両波整流　62
励磁インダクタンス　33
励磁電流　28
連続モード制御　200

―― 著者略歴 ――
平地　克也（ひらち　かつや）

1979 年　京都大学工学部 電気工学科卒業，同年湯浅電池株式会社（現 GS ユアサコーポレーション）入社。以来，無停電電源装置，スイッチング電源，高力率コンバータ，太陽光発電システム用連系インバータなどの各種電力変換装置の研究開発に従事。
1999 年　山口大学大学院 理工学研究科博士後期課程修了
2004 年　国立舞鶴工業高等専門学校 電気情報工学科教授

DC/DC コンバータの基礎から応用まで
Fundamentals and Applications of DC/DC Converter

2018 年 1 月 20 日　　初　版　1 刷発行
2025 年 2 月 25 日　　　　　　5 刷発行

発行者　本 吉 高 行

発行所　一般社団法人 電 気 学 会
　　　　〒102-0076 東京都千代田区五番町6-2
　　　　電話(03)3221-7275
　　　　https://www.iee.jp

発売元　株式会社 オーム社
　　　　〒101-8460 東京都千代田区神田錦町3-1
　　　　電話(03)3233-0641

印刷所
製本所　大日本法令印刷株式会社

落丁・乱丁の際はお取替いたします。　　　　　　　　　　　ⓒ2018 Japan by Denki-gakkai
ISBN 978-4-88686-311-9　C3054　　　　　　　　　　　　　　Printed in Japan

電気学会の出版事業について

　電気学会は，1888年に「電気に関する研究と進歩とその成果の普及を図り，もって学術の発展と文化の向上に寄与する」ことを目的に創立され，教育関係者，研究者，技術者および関係諸機関・法人などにより組織され運営される公益法人です。電気学会の出版事業は，1950年に大学講座シリーズとして発行した電気工学の教科書をはじめとし半世紀以上を経た今日まで電子工学を包含した数多くの図書の企画，出版を行っています。

　電気学会の扱う分野は電気工学に留まらず，エネルギー，システム，コンピュータ，通信，制御，機械，医療，材料，輸送，計測など多くの工学分野に密接に関係し，工学全般にとって必要不可欠の領域となっています。しかも年々学術，技術の進歩が加速的に速くなっているため，大学，高専などの教育現場においては，教育科目，内容，授業形態などが急激に様変わりしており，カリキュラムも多様化しています。

　電気学会では，そのような実情，社会ニーズなどを調査，分析して時代に即応した教科書の出版を行っていますが，さらに，学問や技術の進歩に一早く応えた研究者，エンジニア向けの専門工学書，また，難解な専門工学を分かりやすく解説した一般の読者向けの技術啓発書などの出版にも鋭意，力を注いでいます。こうしたことは，本学会が各界の一線で活躍する教育関係者，研究者，技術者などで組織する学術団体だからこそ出来ることです。電気学会では，これらの特徴を活かして，これからも知識向上，自己啓発，生涯教育などに貢献できる図書を出版していきたいと考えています。

会員入会のご案内

　電気学会では，世代を超えて多くの方々の入会をお待ちしておりますが，特に，次の世代を担う若い学生，研究者，エンジニアの方々の入会を歓迎いたします。電気電子工学を幅広く捉え将来の活躍の場を見出すため入会され，最新の学術や技術を身につけ一層磨きをかけてキャリアアップを目指してはいかがでしょうか。すべての会員には，毎月発行する電気学会誌の配布や，当会発行図書の特価購読など，いろいろな特典がございますので，是非一度下記までお問合せ下さい。

〒102-0076　東京都千代田区五番町6-2　一般社団法人　電気学会
https://www.iee.jp　　　Fax：03(3221)3704
▽入会案内：総務課　　　Tel：03(3221)7312
▽出版案内：編修出版課　Tel：03(3221)7275